化学与军事应用

Chemistry and Military Applications

主 编 田晓霞

副主编 贾 瑛 马丽斯 粟 银
　　　　栾瑞昕 苗 征 赵建峰

国防工业出版社

·北京·

内 容 简 介

本书作为军事院校《化学与军事应用》课程的基础教材,适合20~30学时使用。主要内容包括化学基础知识、火炸药与非致命武器军事用弹、生化武器、核化学与核武器、化学与军用材料、推进剂化学、化学与新概念武器。

本书是化学与军事应用通识性教育教材,可作为军事类高等院校本科生化学与军事应用课程的教学用书,也可作为地方高等院校国防知识教育的参考用书。

图书在版编目(CIP)数据

化学与军事应用/田晓霞主编. —北京:国防工业出版社,2024.1
ISBN 978-7-118-13101-7

Ⅰ.①化… Ⅱ.①田… Ⅲ.①化学-军事应用 Ⅳ.①E919

中国国家版本馆 CIP 数据核字(2023)第 249929 号

※

国防工业出版社出版发行
(北京市海淀区紫竹院南路23号 邮政编码100048)
天津嘉恒印务有限公司印刷
新华书店经售

*

开本 710×1000 1/16 印张 11¼ 字数 208 千字
2024 年 1 月第 1 版第 1 次印刷 印数 1—2000 册 定价 68.00 元

(本书如有印装错误,我社负责调换)

国防书店:(010)88540777 书店传真:(010)88540776
发行业务:(010)88540717 发行传真:(010)88540762

前　言

化学是一门以实验为基础，在原子、分子及超分子水平上研究物质的组成、结构和性能以及相互转化的学科，是自然科学中重要的基础学科之一，它促进了现代科学领域如生命科学、环境科学、材料科学、信息科学等科学技术的飞速发展，是科技创新的重要源泉。化学在军事上的应用，不仅有着久远的历史，同时，在促进军事不断发展过程中也发挥着不可替代的作用，特别是军事装备与军事应用所需求的前沿与颠覆性技术，更离不开化学基础学科支撑。

本书是为满足高等工科军事院校教学需求而编写的化学与军事方面的通用性教材。编者在学习、借鉴有关方面理论与实验成果的基础上，结合多年的教学讲义编写而成。本书较系统介绍了化学热力学、化学动力学、电化学等相关化学基本原理，并按章节具体介绍了火炸药和非致命武器军事用弹、生化武器及防护、化学与军用材料、核化学、推进剂化学、化学与新概念武器等内容，突出军事特色。在各部分内容编写上，力求深入浅出，理论联系实际，注重知识体系及内容的实用性。目前，国内鲜有公开出版的化学与军事方面的教学用书，本书是国内首本系统讲述化学与军事应用的教科书，为丰富和发展化学学科体系及军事武器装备的发展提供案例解读与理论基础。本书除作为相关专业的教材外，也可作为地方院校国防知识教育的读本和参考用书。

本书由空军工程大学田晓霞教授担任主编；火箭军工程大学贾瑛教授，空军工程大学马丽斯讲师、粟银讲师、栾瑞昕讲师、苗征讲师、赵建峰讲师担任副主编。第1、3章由田晓霞教授、粟银讲师编写，第2、5章由马丽斯讲师、贾瑛教授编写，第4章由栾瑞昕讲师编写，第6章由贾瑛教授、苗征讲师编写，第7章由田晓霞教授、赵建峰讲师编写，全书由田晓霞教授统稿。本书的出版得到空军工程大学基础部首批重点教材立项项目资助。同时，在教材编写、出版过程中编写人员所在单位领导和老师给予了大力支持，在此表示衷心感谢！

由于编者水平有限，书中难免有不当之处，敬请不吝批评指正！

编　者
2023年8月

目 录

第1章 化学基础知识 ... 1

1.1 化学热力学概述 ... 1
1.1.1 几个基本概念 ... 1
1.1.2 热效应 ... 4

1.2 化学反应的方向和吉布斯函数 ... 10
1.2.1 熵和吉布斯函数 ... 10
1.2.2 反应自发性的判断 ... 14
1.2.3 化学反应的限度和化学平衡 ... 18

1.3 化学反应速率 ... 24
1.3.1 化学反应速率和速率方程 ... 24
1.3.2 温度对反应速率的影响 ... 27
1.3.3 反应的活化能和催化剂 ... 27
1.3.4 链反应和光化学反应 ... 33

1.4 电化学 ... 35
1.4.1 氧化还原反应和原电池 ... 35
1.4.2 电极电势 ... 38
1.4.3 金属腐蚀 ... 43
1.4.4 电化学腐蚀的利用 ... 47

习题 ... 49

第2章 火炸药和非致命武器军事用弹 ... 50

2.1 火炸药 ... 50
2.1.1 火炸药概述 ... 50
2.1.2 火炸药燃烧热化学特征 ... 51
2.1.3 黑火药 ... 53

  2.1.4　火炸药在军事上的应用与发展 …………………………………… 56
 2.2　**非致命武器中的军事用弹** ……………………………………………… 64
  2.2.1　非致命武器的概念 …………………………………………………… 64
  2.2.2　军事四弹 ……………………………………………………………… 66
  2.2.3　化学阻滞剂 …………………………………………………………… 68
 习题 ……………………………………………………………………………… 70

第3章　生化武器 ……………………………………………………………… 71
 3.1　**化学武器概述** …………………………………………………………… 72
  3.1.1　化学武器定义 ………………………………………………………… 72
  3.1.2　化学武器的分类 ……………………………………………………… 72
  3.1.3　几种典型化学毒剂 …………………………………………………… 74
  3.1.4　化学武器的伤害形式 ………………………………………………… 79
  3.1.5　化学武器的伤害特点和局限性 ……………………………………… 79
  3.1.6　化学武器对作战行动的影响 ………………………………………… 81
  3.1.7　化学武器的发展趋势 ………………………………………………… 82
 3.2　**生物战剂** ………………………………………………………………… 84
  3.2.1　生物战剂概述 ………………………………………………………… 84
  3.2.2　生物战剂的发展 ……………………………………………………… 85
 3.3　**生化武器的损伤及防护** ………………………………………………… 86
  3.3.1　发现 …………………………………………………………………… 86
  3.3.2　防护 …………………………………………………………………… 88
  3.3.3　救护 …………………………………………………………………… 89
  3.3.4　消毒 …………………………………………………………………… 90
 习题 ……………………………………………………………………………… 92

第4章　核化学与核武器 …………………………………………………… 93
 4.1　**核化学** …………………………………………………………………… 93
  4.1.1　原子核及核反应 ……………………………………………………… 93
  4.1.2　核化学与放射化学 …………………………………………………… 102
 4.2　**核武器** …………………………………………………………………… 106
  4.2.1　核武器概念 …………………………………………………………… 106

  4.2.2 不同种类核武器简介 …………………………………………………… 109
  4.2.3 核武器的发展历程及趋势 ………………………………………………… 113
 4.3 核武器损伤及防护 ………………………………………………………………… 116
  4.3.1 核武器杀伤破坏因素 ……………………………………………………… 116
  4.3.2 核武器损伤的防护特点 …………………………………………………… 118
  4.3.3 核武器损伤的防护措施 …………………………………………………… 119
  4.3.4 《防止核武器扩散条约》的签署与实施 ………………………………… 122
 4.4 核燃料的浓缩与核废料的处理 …………………………………………………… 123
  4.4.1 核燃料的浓缩 ……………………………………………………………… 123
  4.4.2 核废料的处理 ……………………………………………………………… 125
 习题 ……………………………………………………………………………………… 126

第 5 章 化学与军用材料 ……………………………………………………………… 127

 5.1 军用新材料概述 …………………………………………………………………… 127
  5.1.1 材料概念及分类 …………………………………………………………… 127
  5.1.2 军用新材料 ………………………………………………………………… 127
 5.2 军用飞机材料腐蚀防护 …………………………………………………………… 136
  5.2.1 军用飞机金属材料腐蚀种类及特征 ……………………………………… 136
  5.2.2 腐蚀机理研究——盐雾腐蚀试验 ………………………………………… 142
 习题 ……………………………………………………………………………………… 143

第 6 章 推进剂化学 …………………………………………………………………… 144

 6.1 推进剂的发展史及液体推进剂 …………………………………………………… 144
  6.1.1 化学推进剂的发展历程 …………………………………………………… 144
  6.1.2 液体推进剂 ………………………………………………………………… 146
  6.1.3 氧化剂 ……………………………………………………………………… 149
  6.1.4 液体燃料 …………………………………………………………………… 150
 6.2 固体推进剂 ………………………………………………………………………… 152
  6.2.1 固体推进剂的发展 ………………………………………………………… 153
  6.2.2 火箭技术对固体推进剂的要求 …………………………………………… 153
  6.2.3 固体推进剂的分类 ………………………………………………………… 154

习题 ……………………………………………………………… 158

第 7 章　化学与新概念武器 ……………………………………… 159
7.1　颠覆性技术与新概念武器 ……………………………… 159
7.1.1　颠覆性技术催生新武器 ……………………………… 159
7.1.2　新概念武器 …………………………………………… 161
7.2　化学合成与测试技术 …………………………………… 164
7.2.1　化学合成方法 ………………………………………… 165
7.2.2　常用化学检测仪器及技术 …………………………… 167
习题 ……………………………………………………………… 169

参考文献 ………………………………………………………… 170

第1章 化学基础知识

本章由化学热力学、化学反应的方向和吉布斯函数、化学反应速率、氧化还原反应和电化学四部分内容组成。力求运用装备工程技术、军事学科发展和武器技术进步的观点来探讨、阐述最基本、最通用的高等教育层次的化学反应基本规律。

1.1 化学热力学概述

热力学(thermodynamics)是研究自然界各种形式的能量之间相互转化的规律,以及能量转化对物质的影响的科学。把热力学的基本原理用来研究化学现象以及和化学有关的物理现象的科学叫做化学热力学。

1.1.1 几个基本概念

1. 系统与环境

为了讨论问题方便,有目的地将某一部分物质与其余物质分开(可以是实际的,也可以是假想的),被划定的研究对象称为系统;系统之外与系统相关联的部分称为环境。

系统和环境是一个整体的两个部分,根据它们之间有无物质和能量的交换,可将系统分为三类:

(1) 敞开系统。与环境之间既有物质交换,又有能量交换的系统,也称开放系统。

(2) 封闭系统。与环境之间没有物质交换,只有能量交换的系统。通常在密闭容器中的系统即为封闭系统。除特别指出外,所讨论的系统均指封闭系统。

(3) 隔离系统。与环境之间既无物质交换,又无能量交换的系统,也称孤立系统。绝热、密闭的等容系统即为隔离系统。应当指出,绝对的隔离系统是不存在的。为了讨论问题方便,有时把与系统有关的环境部分与系统合并在一起视为隔离系统。

2. 相

系统中具有相同的物理和化学性质的均匀部分称为相。均匀是指其分散程度达到分子或离子大小的尺度。相与相之间有明确的界面,界面之外一定有某些宏观性质(如密度、折射率、组成等)发生突变。通常,任何气体均能无限混合,所以系统内不论有多少种气体都只有一个气相。液相则按其互溶程度可以是一相或几相共存。如液态乙醇与水完全互溶,其混合液为单相系统;苯与水不互溶而分层,是相界面很清楚的两相系统。对于固体,如果系统中不同种固体达到了分子尺度的均匀混合,就形成了固溶体,一种固溶体就是一个相;否则,系统中含有多少种固体物质,就有多少个固相。若按相的组成来分,系统可分为单相(均相)系统和多相(非均相)系统。在 273.16K 和 611.73Pa 时,冰、水、水蒸气三相可以平衡共存,这个温度和压力条件称为 H_2O 的"三相点"。

3. 状态与状态函数

系统的状态是指系统各种宏观性质的综合表现,当系统状态确定后,系统的宏观性质就有确定的数值,用来描述系统状态的物理量称为状态函数。p、V、T 及热力学能(又称内能)U、焓 H、熵 S 和吉布斯函数 G 等均是状态函数。

状态函数的特点是:状态一定,其值一定;状态发生变化,其值也要发生变化;其变化值只取决于系统的始态和终态,而与如何实现这一变化的途径无关。状态函数具有数学上全微分的特征。

4. 化学计量数和反应进度

对于一般化学反应:

$$0 = \sum_B v_B B \tag{1-1}$$

式中:B 为反应中物质的化学式;v_B 为物质 B 的化学计量数,量纲为 1,反应物取负值,产物取正值。

对应同一化学反应,化学计量系数与化学反应方程式写法有关。

例如,合成氨反应写成:

$$N_2(g) + 3H_2(g) = 2NH_3(g)$$

则 $\quad v(N_2) = -1, v(H_2) = -3, v(NH_3) = 2$

若写成:

$$\frac{1}{2}N_2(g) + \frac{3}{2}H_2(g) = NH_3(g)$$

则 $\quad v(N_2) = -\frac{1}{2}, v(H_2) = -\frac{3}{2}, v(NH_3) = 1$

化学计量数只表示当按所给化学反应方程式(也称为化学计量方程式)反应时各物质转化的比例数,并不是反应过程中各相应物质实际所转化的量。为了描述化学反应进行的程度,人们引进了反应进度的概念。反应进度是一个重要的物理量,在反应热、化学平衡和反应速率的表示式中普遍使用。

反应进度 ξ 定义为

$$d\xi = \frac{dn_B}{v_B} \quad (1-2)$$

式中:d 为微分符号,表示微小变化;n_B 为物质 B 的物质的量;v_B 为 B 的化学计量数,故反应进度 ξ 的 SI 单位为 mol。

对于有限的变化,有

$$\Delta\xi = \frac{\Delta n_B}{v_B} \quad (1-3)$$

式中:Δn_B 为 B 的物质的量的变化值。

根据定义,反应进度只与化学反应方程式有关,而与选择反应系统中何种物质来表示无关。以合成氨反应为例,对于化学反应方程式:

$$N_2(g) + 3H_2(g) = 2NH_3(g)$$

当反应进行到某时刻,若消耗掉 2.0mol 的 $N_2(g)$ 和 6.0mol 的 $H_2(g)$,即 $\Delta n_B(N_2) = -2.0\text{mol}$,$\Delta n_B(H_2) = -6.0\text{mol}$,生成 4.0mol 的 $NH_3(g)$,即 $\Delta n_B(NH_3) = 4.0\text{mol}$,则反应进度为

$$\xi = \frac{\Delta n(N_2)}{v(N_2)} = (-2.0)\text{mol}/(-1) = 2.0\text{mol}$$

或

$$\xi = \frac{\Delta n_B(H_2)}{v(H_2)} = (-6.0)\text{mol}/(-3) = 2.0\text{mol}$$

或

$$\xi = \frac{\Delta n_B(NH_3)}{v(NH_3)} = 4.0\text{mol}/2 = 2.0\text{mol}$$

故,不论用反应系统中何种物质来表示,该反应的反应进度均为 2.0mol。

但若将合成氨化学反应方程式写成:

$$\frac{1}{2}N_2(g) + \frac{3}{2}H_2(g) = NH_3(g)$$

对于上述物质量的变化,则可求得 $\xi = 4.0\text{mol}$。因此,当涉及反应进度时,要指明化学反应方程式。

反应进度实际上是以化学反应方程式整体作为一个特定组合单元来表示反应进行的程度。当按所给化学反应方程式的化学计量数进行了一个单位的化学反应时,反应进度就等于 1mol,即进行了 1mol 化学反应,或简称摩尔反应。引入反应进度的最大优势就是,在反应进行到任意时刻时,可用任一反应物或产物来表示反应进行的程度,且所得的值总是相等的。

1.1.2 热效应

1. 热效应概念

化学反应的实质是反应系统中反应物化学键的断裂和产物化学键的生成，是原子重新排列组合的物质变化过程。化学反应引起吸收或放出的热量称为化学反应热效应，简称反应热。热效应与电、光、磁效应一样，可以反映化学变化过程的重要特征，基于这些效应来捕捉信息、探求规律是化学研究和实践中的基本方法。物理和化学过程常见的热效应有：反应热（如生成热、燃烧热、中和热与分解热）、相变热（如熔化热、蒸发热、升华热）、溶解热和稀释热等。研究化学反应中热量与其他能量变化的定量关系的学科即为热化学。热化学数据，具有重要的理论和实用价值。例如，反应热与物质结构、热力学函数、化学平衡常数等密切相关；反应热的多少与军事应用中弹药性能、射程远近、推力大小、火箭载重及实际生产中能量衡算、设备设计、节能减排及经济效益预计等具体问题有关。

2. 热效应的测量

热效应的数值大小与具体途径有关。热化学中等温、等容过程发生的热效应称为等容热效应；等温、等压过程发生的热效应称为等压热效应。通过量热实验可以测量热效应，测量热效应所用的仪器称为热量计。

当需要测定某个热化学过程所放出或吸收的热量（如燃烧热、溶解热等）时，一般可利用测定一定组成和质量的某种介质（如溶液或水）的温度改变，再利用下式求得（忽略热损失）：

$$Q = -c_s \cdot m_s \cdot (T_2 - T_1) = -c_s \cdot m_s \cdot \Delta T = -C_s \cdot \Delta T \qquad (1-4)$$

式中：Q 为一定量反应物在给定条件下的反应热；c_s 为吸热介质的比热容，比热容 c 的定义是热容 C 除以质量，即 $c = C/m$，SI 单位为 $J \cdot kg^{-1} \cdot K^{-1}$，常用单位为 $J \cdot g^{-1} \cdot K^{-1}$，热容 C 的定义是系统吸收的微小热量 δQ 除以温度升高 dT，即 $C = \delta Q / dT$，热容的 SI 单位为 $J \cdot K^{-1}$；m_s 为介质的质量；ΔT 为介质终态温度 T_2 与始态温度 T_1 的差。对于反应热 Q，负号表示系统放热，正号表示系统吸热。

在实验室和工业上，常用弹式热量计（也简称氧弹）测定固体、液体有机化合物的燃烧热，它测得的是等容条件下的燃烧反应热效应 Q_V。弹式热量计主要部件是一厚壁钢制可密闭的耐压容器（称作钢弹），如图 1-1 所示。测量燃烧热时，将已知质量的固态或液态有机化合物装入钢弹中的样品盘内，密封后充入过量氧气，将钢弹置于弹式热量计中；加入足够的已知质量的吸热介质（水），将钢弹淹没在水中；连接线路，精确测定水的起始温度；用电火花引发燃烧反应，系统(钢弹中物质)反应放出的热使环境(包括钢弹、水等)的温度升高,测定温度计所示的最高读数即环境的终态温度。根据始、终态温度和弹式热量计的仪器常数(热容)即可计算燃烧热数值。弹式热量计仪器常数常用国际量热学会推荐的苯甲酸来标定。

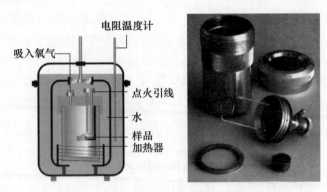

图1-1　弹式热量计示意图及实物图

现代量热学中还发展了多种精密的热量计,如等温滴定热量计(ITC)、差示扫描热量计(DSC)等,灵敏度和准确度很高,样品用量仅需几微升或几毫克,因而在化学、化工、能源、生物、医药和农业等领域都有特别的用途,已成为重要测试手段之一。

应当注意,同一反应可以在等容或等压条件下进行,弹式热量计测得的是等容反应热 Q_V,在敞口容器中或用火焰热量计测得的却是等压反应热 Q_p。所以给出反应热的时候,应当明确指出是等容反应热还是等压反应热。

3. 热化学反应方程式

表示化学反应与热效应关系的方程式称为热化学反应方程式。写热化学反应方程式要注明反应热,还必须注明物态、温度、压力、组成等条件。若没有特别注明,"反应热"均指等温、等压反应热 Q_p。习惯上,对不注明温度和压力的反应,均指在 $T=298.15\text{K},p=100\text{kPa}$ 下进行。

需要注意:在采用类似弹式热量计的量热实验中,精确测得的是 Q_V,而不是 Q_p,但大多数化学反应却在等压条件下发生,能确定 Q_V 与 Q_p 间的普遍关系,由 Q_V 求得更常用的 Q_p;同时,有些反应的热效应,包括设计新产品、新反应所需的反应热,难以直接用实验测得。比如,碳的不完全燃烧反应

$$C(s) + \frac{1}{2}O_2(g) = CO(g)$$

其热效应显然无法直接测定,因为实验中不能做到不产生 CO_2 的情况下使

碳全部氧化为 CO。因此,如何把与具体途径有关的反应热与反应系统自身的性质定量联系起来,实现互相推算,是十分重要的热化学理论问题。

4. 内能与焓

1) 热力学第一定律

能量转化与守恒定律用于热力学系统中称为热力学第一定律,用来描述系统热力学状态发生变化时,系统热力学能与过程热和功之间的定量关系。

热力学能(U)是指系统内分子的平动能、转动能、振动能、分子间势能、原子间键能、电子运动能,核内基本粒子间核能等内部能量的总和,故又称内能。

若封闭系统由始态(热力学能为 U_1)变到终态(热力学能为 U_2),同时系统从环境吸热 Q、得功 W,则系统热力学能的变化为

$$\Delta U = U_1 - U_2 = Q + W \tag{1-5}$$

这就是封闭系统的热力学第一定律的数学表达式。

系统处于一定状态,系统内部能量的总和即热力学能就有一定的数值,所以热力学能是系统自身的性质,是状态函数。其变化量只取决于系统的始态和终态,而与变化的具体途径无关。热力学能具有状态函数的三个基本特征:状态确定,其值确定;殊途同归,值变相等;周而复始,值变为零。

由于系统内部粒子运动及粒子间相互作用的复杂性,所以无法确定系统处于某一状态下热力学能的绝对值。事实上,在计算实际过程中各种能量转换关系时,关注的主要是系统与环境交换热与功引起的热力学能变化量,并不需要热力学能的绝对数值。

热是系统与环境之间由于存在温度差而交换的能量。用 Q 值正、负号来表明热传递的方向。若系统吸热,规定 Q 为正值;系统放热,Q 为负值。Q 的 SI 单位为 J。

系统与环境之间除热以外的其他形式传递的能量都叫作功,以符号 W 表示,其 SI 单位为 J。规定环境对系统做功,W 为正值;系统对环境做功,W 为负值。功可分为体积功和非体积功两类。

在一定外压 $p_{外}$ 下,由于系统的体积发生变化而与环境交换的功称为体积功。体积功的定义式为

$$\delta W = -p_{外} dV \tag{1-6a}$$

$$W = -\sum p_{外} dV \tag{1-6b}$$

式中:δW 为微量功;dV 为系统体积的微小变化量。

体积功对于化学过程有特殊意义,因为许多化学反应在敞口容器中进行,如果外压 $p_{外}$ 恒定,这时系统所做体积功 $W = -p_{外} dV = -p_{外}(V_2 - V_1)$。除体积功

以外的一切功称为非体积功,以符号 W' 表示。如表面功、电功等。

应当注意:功和热都是过程中被传递的能量,它们都不是状态函数,其数值与途径有关,不同的途径有不同的功和热的交换。根据热力学第一定律,它们的总量($Q+W$)与状态函数热力学能的改变量 ΔU 在数值上相等,取决于过程的始态和终态。

从微观角度来说,功是大量质点以有序运动而传递的能量,电能、化学能、机械能等是有序能;热是大量质点以无序运动(分子的碰撞)方式而传递的能量,是无序能。能量不仅有量的多少,还有质的高低。从能的品位或"质"看,功(有序能)比热(无序能)的品位高,高温热源传递的热的品位比低温热源的高。例如,500℃时1J的能量与50℃时1J能量可利用的程度是不同的。所以,从"量"的观点看能量,只有是否已利用、利用了多少的问题;从"质"的观点看,还有"是否按质用能"的问题,提高能量的有效利用,其实质就在于防止和减少能量贬值的发生。同时,现代储能技术的发展从绿色发展的角度也为能量转换及能量使用提供了很好的途径。

2)等容与等压热效应

(1)等容反应热。在等容、不做非体积功条件下,$dV=0$,$W'=0$,所以 $W=-\sum p_{外}dV+W'=0$。根据热力学第一定律,有

$$Q_V = \Delta U \tag{1-7}$$

式中:Q_V 为等容反应热,下标 V 表示等容过程。式(1-7)表明,等容且不做非体积功的过程热在数值上等于系统热力学能的改变量。

(2)等压反应热。在等压、不做非体积功条件下,$p=p_{外}$,$W'=0$,所以 $W=-p_{外}\Delta V+W'=-p(V_2-V_1)$。根据热力学第一定律

$$\Delta U = U_1 - U_2 = Q_p - p(V_2 - V_1)$$
$$Q_p = (U_2 + pV_2) - (U_1 + pV_1)$$

令
$$H = U + pV \tag{1-8}$$

则
$$Q_p = H_2 - H_1 = \Delta H \tag{1-9}$$

式中:Q_p 为等压反应热。式(1-8)是热力学函数 H 的定义式,H 是状态函数 U、p、V 的组合,所以 H 也是状态函数。显然,H 的 SI 单位为 J。式(1-9)表明,等压且不做非体积功的过程热在数值上等于系统的焓变,$\Delta H<0$,表示系统放热,$\Delta H>0$,则为系统吸热。

(3)$Q_V=\Delta U$ 和 $Q_p=\Delta H$ 的意义。热不是状态函数,从确定的始态变化到确定的终态,若具体途径不同,热值也不同。然而 $Q_V=\Delta U$ 和 $Q_p=\Delta H$ 表明,若将反应过程的条件限制为等容或等压且不做非体积功,则不同途径的反应热与热力学能或焓的变化在数值上相等,只取决于始态和终态。这说明特定条件下的

热效应,通过与状态函数的变化联系起来,由状态函数法可以计算;同时,热力学能和焓等状态函数变化也可通过量热实验直接测定。

在等容或等压条件下,化学反应的反应热只与反应的始态和终态有关,而与变化的途径无关。此结论也就是 1840 年盖斯(G. H. Hess)从大量热化学实验中总结出来的反应热总值定律,后来称为盖斯定律。它实际上是 $Q_V = \Delta U$ 和 $Q_p = \Delta H$ 的必然结果。盖斯定律是热化学的基本规律,其最大用处是利用已精确测定的反应热数据来求算难以测定的反应热。

(4) Q_V 与 Q_p 的关系。等温等压和等温等容反应系统对应的始、终态如图 1-2 所示。

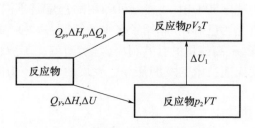

图 1-2　反应系统对应的始、终态

等压过程: $Q_p = \Delta H_p = \Delta U_p + p\Delta V$;等容过程: $Q_V = \Delta U_V$;由状态函数特征可得 $\Delta U_p = \Delta U_V + \Delta U_1$。所以, $Q_p = Q_V + p\Delta V + \Delta U_1$。

对于只有凝聚相(液态和固态)的化学反应,系统的压力、体积几乎没有变化, $\Delta V \approx 0$, $\Delta U_V \approx 0$。所以, $Q_p = Q_V + p\Delta V + \Delta U_1$。

对于有气态物质参与的系统, ΔV 主要是由于各气体的物质的量发生变化而引起的。若总的气体的物质的量变化为 $\sum_n \Delta n(B,g)$,且各气体可视为理想气体,则系统的体积变化: $\sum_n \Delta n(B,g) \cdot \dfrac{RT}{p}$。同时,由于理想气体的热力学能和都只是温度的函数,于是 $\Delta U_1 = 0$。所以,

$$Q_p = Q_V + p\Delta V = Q_V + \sum_B \Delta n(B,g) \cdot RT \qquad (1-10a)$$

或反应的摩尔焓变 $\Delta_r H_m$ 与反应的摩尔热力学能变 $\Delta_r U_m$ 之间的关系式:

$$\Delta_r H_m = \Delta_r U_m + \sum_B v(B,g) \cdot RT \qquad (1-10b)$$

式中: $\sum_B v(B,g)$ 为反应前后气态物质化学计量数的变化,对反应物 v 取负值,对产物 v 取正值。式(1-10a)和式(1-10b)表达了 Q_V 与 Q_p 的关系,根据该式可从一种热效应的测定换算得到另一种热效应,如由热量计测得 Q_V,然后求得 Q_p,从 $\Delta_r U_m$ 得到 $\Delta_r H_m$,大量的热化学数据也是按照此方式得到的。

例 1.1 已精确测得下列反应的 $Q_{V,m} = -3268 \text{kJ} \cdot \text{mol}^{-1}$
$$C_6H_6(l) + 7\frac{1}{2}O_2(g) = 6CO_2(g) + 3H_2O(l)$$
求 298.15K 时上述反应在等压下进行,反应进度 $\xi = 1\text{mol}$ 的反应热。

解:$Q_{p,m} = Q_{V,m} + \sum_B v(B,g) \cdot RT$,根据给定的化学反应方程式,式中 $\sum_B v(B,g) = v(CO_2) - v(O_2) = 6 - 7.5 = -1.5$,

所以 $Q_{p,m} = Q_{V,m} + \sum_B v(B,g) \cdot RT = -3268 \text{kJ} \cdot \text{mol}^{-1} + (-1.5) \times 8.314 \times 10 \text{kJ} \cdot \text{mol}^{-1} \cdot \text{K}^{-1} \times 298.15\text{K} = -3272 \text{kJ} \cdot \text{mol}^{-1}$

例 1.2 已知(在 298.15K 和标准状态下)
(1) $2C(石墨) + O_2(g) = 2CO(g)$;$\Delta_r H_{m,1} = -221.06 \text{kJ} \cdot \text{mol}^{-1}$
(2) $3Fe(s) + 2O_2(g) = Fe_3O_4(s)$;$\Delta_r H_{m,2} = -118.4 \text{kJ} \cdot \text{mol}^{-1}$
试求反应式(3) $Fe_3O_4(s) + 4C(石墨)(g) = 3Fe(s) + 4CO(g)$ 的 $\Delta_r H_{m,3}$。

解:$2 \times$ 反应式(1)得到反应式(4)
(4) $4C(石墨) + 2O_2(g) = 4CO(g)$;$\Delta_r H_{m,4} = -442.12 \text{kJ} \cdot \text{mol}^{-1}$
反应式(4) - 反应式(2)得反应式(5)
(5) $4C(石墨) - 3Fe(s) = 4CO(g) - Fe_3O_4(s)$;$\Delta_r H_{m,5}$
$\Delta_r H_{m,5} = \Delta_r H_m(4) - \Delta_r H_m(2) = -442.12 - (-118.4) = -323.72 \text{kJ} \cdot \text{mol}^{-1}$
反应式(5)移项即是所求反应式(3)

所以,$Fe_3O_4(s) + 4C(石墨)(g) = 3Fe(s) + 4CO(g)$,$\Delta_r H_{m,3} = -323.72 \text{kJ} \cdot \text{mol}^{-1}$。

(5) 非等温反应。通常讨论的反应均指等温反应,即反应放热及时传递给环境,反应吸热则及时从环境得到补偿,维持反应过程温度不变。在极端条件下,系统与环境之间绝热,反应释放能量必然导致产物温度升高,即为非等温反应。

在非等温过程中,许多参数都是温度的函数,如反应速率常数、热容、反应热、平衡常数、黏度、密度等。随着温度的变化,会引起这些参数变化,从而导致反应过程变化。反应过程的最优温度的目标是使反应速率最大化。因此反应器中反应过程的最优温度取决于反应特性:对不可逆反应,反应温度越高越好;对可逆吸热反应,反应温度越高越好。这种过程采用的反应器结构最简单,造价最低,因此工业上使用最广泛。

非等温反应是绝热过程,等压绝热燃烧反应(如炸药燃烧),可达到最高火焰温度,计算温度的依据是 $Q_p = \Delta H = 0$;等容绝热反应(如钢瓶中的爆炸反应)可以达到最高爆炸温度和最高压力,计算的依据是 $Q_V = \Delta U = 0$。计算最高火焰温度、爆炸反应的最高温度和最高压力,具有重要的理论和实际意义。

1.2 化学反应的方向和吉布斯函数

1.1节将热力学第一定律用于化学反应领域,讨论了化学反应中的能量转换问题,能够通过焓变计算化学反应的热效应。对于反应能否自发进行的反应方向性问题热力学第一定律没有回答。下面将以热力学第二定律为核心讨论化学反应自发进行的方向和限度,引出两个十分重要的状态函数:熵和吉布斯自由能。

1.2.1 熵和吉布斯函数

1. 自发过程

在给定条件下能向着一定方向自动进行的反应(或过程)叫做自发反应(或自发过程)。自然界中能看到不少自发过程,自发过程都体现了从一个状态到另一个状态自发变化的方向。

反应能否自发进行?自发反应可以进行到什么程度?能否用合适的判据预先进行判断?这些都是我们关心的基本化学原理问题。

从自然界中可以得到启示:物体受到地心引力而落下、水从高处流向低处等自发过程中有着能量的变化,系统的势能降低或损失了。这表明一个系统的势能有自发变小的倾向,或者说系统倾向于取得最低的势能。在化学反应中同样伴随着能量的变化,在1.1节中曾指出系统发生化学变化时,由于旧的化学键断裂与新的化学键生成,不仅系统的热力学能发生了变化,而且系统与环境之间还有着热与功的能量传递。热力学第一定律解决了能量衡算问题,但是无法说明化学反应进行的方向。

一百多年前,有些化学家就希望找到一种可用来判断反应能否自发进行的依据。鉴于许多能自发进行的反应是放热的,曾试图用反应的热效应作为反应能否自发进行的判断依据,并认为放热越多反应越易自发进行。例如,下列自发反应都是放热的:

$$C(s) + O_2(g) = CO_2(g); \Delta_r H_m^\ominus (298.15K) = -393.5 kJ \cdot mol^{-1}$$

$$Zn(s) + 2H^+(aq) = Zn^{2+}(aq) + H_2(g); \Delta_r H_m^\ominus (298.15K) = -153.9 kJ \cdot mol^{-1}$$

但是有些反应或过程却是向吸热方向进行的。例如,工业上石灰石煅烧分解为生石灰和CO_2的反应是吸热反应:

$$CaCO_3(s) = CaO(s) + CO_2(g); \Delta H > 0$$

在 101.325kPa 和 1183K 时，$CaCO_3$ 能自发且剧烈地进行热分解，生成 CaO 和 CO_2。这表明，在给定条件下要判断一个反应能否自发进行，除了考虑焓变因素外，还有其他重要因素。

过程的方向和限度问题由热力学第二定律来解决，为此需要引进新的热力学状态函数熵 S 和吉布斯函数 G。

2. 熵

自然界中的自发过程中系统自发地倾向于取得最低的势能，同时也自发地向着混乱程度增加的方向变化。

系统处于某一状态时，内部物质微观粒子的混乱度确定，可用状态函数熵 S 来表达。统计热力学中的玻耳兹曼定理告诉我们：

$$S = k\ln\Omega \tag{1-11}$$

式中：Ω 为与一定宏观状态对应的微观状态总数（或称混乱度）；k 为玻耳兹曼常数，玻耳兹曼(Boltzmann)常数是基本物理常数，$k = R/N_A = 1.38 \times 10^{-23} J \cdot K^{-1}$，$R$ 和 N_A 分别为摩尔气体常数和阿伏伽德罗常数。此式将系统的宏观性质——熵与微观状态总数即混乱度联系了起来。它表明熵是系统多样性的量度，系统的微观状态数越多，熵就越大。因为 Ω 是状态函数，所以 S 也是状态函数。

热力学第二定律告诉我们：在隔离系统中发生的自发反应必伴随着熵的增加，或隔离系统的熵总是趋向于极大值，称为熵增加原理。在隔离系统中，由比较有序的状态向无序的状态变化，是自发变化的方向；熵趋向极大值的状态体现变化的限度，可用下式表示：

$$\Delta S(\text{隔离}, \text{自发反应}) \geq 0 \tag{1-12}$$

式(1-12)表明：隔离系统中只能发生熵值增大的过程，不可能发生熵值减小的过程；若熵值保持不变，则系统处于平衡状态。即为隔离系统的熵增原理。

系统内物质微观粒子的混乱度与物质的聚集状态和温度等有关。在绝对零度时，理想晶体内粒子的各种运动都将停止，物质微观粒子处于完全整齐有序的状态。人们根据一系列低温实验事实和推测，总结出热力学第三定律：在 0K 时，一切纯物质的完美晶体的熵值都等于零，即

$$S(0K, \text{完美晶体}) = 0 \tag{1-13}$$

按照统计热力学的观点，0K 时纯物质完美晶体的混乱度最小，微观状态数为 1，所以

$$S(0K, \text{完美晶体}) = k\ln 1 = 0 \tag{1-14}$$

以此为基准，若知道某一物质从 0K 到指定温度下的一些热化学数据（如热

容、相变焓)等,就可以求出该温度时的熵值,称为这一物质的规定熵。单位物质量的纯物质在标准状态下的规定熵称为该物质的标准摩尔熵,以 $S_m^{\ominus}$ 表示,单位为 $J \cdot mol^{-1} \cdot K^{-1}$;单质的标准摩尔熵值并不为零。

规定处于标准状态下水合 H^+ 的标准摩尔熵值为零,通常温度选定为 298.15K,$S_m^{\ominus}(H^+,aq,298.15K) = 0 J \cdot mol^{-1} \cdot K^{-1}$,从而得出其他水合离子在 298.15K 时的标准摩尔熵。

根据熵的意义并比较物质的标准摩尔熵值,可以得出如下的规律:

(1) 对同一物质而言,相同温度下气态熵大于液态熵,液态熵大于固态熵,即 $S_{气} > S_{液} > S_{固}$。

例如:298.15K 时,$S_m^{\ominus}(H_2O,g) = 188.825 J \cdot mol^{-1} \cdot K^{-1}$,$S_m^{\ominus}(H_2O,l) = 69.91 J \cdot mol^{-1} \cdot K^{-1}$。

(2) 同一物质在相同的聚集状态时,其熵值随温度的升高而增大,即 $S_{高温} > S_{低温}$。例如:

$$S_m^{\ominus}(Fe,s,500K) = 41.2 J \cdot mol^{-1} \cdot K^{-1}$$
$$S_m^{\ominus}(Fe,s,298.15K) = 27.3 J \cdot mol^{-1} \cdot K^{-1}$$

(3) 一般说来,温度和聚集状态相同时,分子或晶体结构较复杂(内部微观粒子较多)的物质的熵大于(由相同元素组成的)结构较简单(内部微观粒子较少)的物质的熵,即 $S_{复杂分子} > S_{简单分子}$。例如:

$$S_m^{\ominus}(C_2H_6,g,298.15K) = 229.60 J \cdot mol^{-1} \cdot K^{-1}$$
$$S_m^{\ominus}(CH_4,g,298.15K) = 186.26 J \cdot mol^{-1} \cdot K^{-1}$$

(4) 混合物或溶液的熵值往往比相应的纯物质的熵值大,即 $S_{混合物} > S_{纯净物}$。

利用这些简单规律,可得出:对于物理或化学变化而论,几乎没有例外,一个导致气体分子数增加的过程或反应总伴随着熵值的增大($\Delta S > 0$);如果气体分子数减少,$\Delta S < 0$。

从热力学理论得出,等温可逆过程指系统内部及系统与环境间在一系列无限接近平衡条件下进行的过程,系统所吸收或放出的热量(以 Q 表示)除以温度等于系统的熵变 ΔS:

$$\Delta S = \frac{Q}{T} \tag{1-15}$$

例1.3 计算在 101.325kPa 和 273.15K 下,冰融化过程的摩尔熵变。已知冰的熔化热 $Q_{fus}(H_2O) = 6007 J \cdot mol^{-1} \cdot K^{-1}$(fus 代表 fusion,熔化)。

解:在 101.325kPa 和 273.15K 下,冰融化为水是等温、等压可逆相变过程,根据式(1-15)可得

$$\Delta S = \frac{Q_{fus}(H_2O)}{T} = 6007 J \cdot mol^{-1} / 273.15K = 21.99 J \cdot mol^{-1} \cdot K^{-1}$$

与反应的标准摩尔焓变 $\Delta_r H_m^\ominus$ 相似,反应(或过程)的熵变只取决于始态和终态,而与变化的途径无关,对于一般的化学反应,反应的标准摩尔熵 $\Delta_r S_m^\ominus$ 为

$$\Delta_r S_m^\ominus = \sum_B v_B S_{m,B}^\ominus \qquad (1-16)$$

一般在实际近似计算中,通常可忽略温度的影响,可认为 $\Delta_r S_m^\ominus$ 基本不随温度而变。即

$$\Delta_r S_m^\ominus(T) \approx \Delta_r S_m^\ominus(298.15K)$$

例 1.4 试计算石灰石热分解反应的 $\Delta_r S_m^\ominus(298.15K)$ 和 $\Delta_r H_m^\ominus(298.15K)$,并初步分析该反应的自发性。

解:写出化学反应方程式,从热力学数据表中查出反应物和生成物的 $\Delta_f H_m^\ominus(298.15K)$ 和 $\Delta_r S_m^\ominus(298.15K)$ 的值。

	$CaCO_3(s)$	= $CaO(s)$	+ $CO_2(g)$
$\Delta_f H_m^\ominus(298.15K)/(kJ \cdot mol^{-1})$	1206.92	-635.09	-393.509
$S_m^\ominus(298.15K)/(J \cdot mol^{-1} \cdot K^{-1})$	92.9	39.75	213.74

则有:

$$\Delta_r H_m^\ominus(298.15K) = \sum_B v_B \Delta_f H_{m,B}^\ominus(298.15K)$$
$$= [(-635.09) + (-393.509) - (-1206.92)] kJ \cdot mol^{-1}$$
$$= 178.32 kJ \cdot mol^{-1}$$

根据式(1-15)可知

$$\Delta_r S_m^\ominus(T) = \sum_B v_B S_{m,B}^\ominus$$
$$= [(39.75 + 213.74) - 92.9] J \cdot mol^{-1} \cdot K^{-1} = 160.59 J \cdot mol^{-1} \cdot K^{-1}$$

该反应的 $\Delta_r H_m^\ominus(298.15K)$ 为正值,表明此反应为吸热反应。从系统倾向于取得最低的能量这一因素来看,吸热不利于反应自发进行。但反应的 $\Delta_r S_m^\ominus(298.15K)$ 为正值,表明反应过程中系统的熵值增大。从系统倾向于取得最大的混乱度这一因素来看,熵值增大,有利于反应自发进行。该反应的自发性究竟如何,还需要进一步探讨。

既然化学反应自发性的判断不仅与焓变 ΔH 有关,还与熵变 ΔS 有关,能否把这两个因素综合考虑,形成统一的自发性判据呢?

3. 吉布斯函数

1875 年美国物理化学家吉布斯(J. W. Gibbs)首先提出把焓和熵归并在一起的热力学函数——吉布斯函数(或称为吉布斯自由能),其定义为

$$G = H - TS \tag{1-17}$$

吉布斯函数 G 是状态函数 H 和 T、S 的组合，也是状态函数。

对于等温过程：

$$\Delta G = \Delta H - T\Delta S \tag{1-18a}$$

对于等温化学反应：

$$\Delta_r G_m = \Delta_r H_m - T \Delta_r S_m \tag{1-18b}$$

ΔG 表示过程的吉布斯函数的变化，简称吉布斯函数变。

1.2.2 反应自发性的判断

1. 吉布斯函数判据

根据化学热力学的推导可以得到，对于等温、等压、不做非体积功的一般反应（或过程），其自发性的吉布斯函数判据（称为最小自由能原理）为

$$\begin{cases} \Delta G_{T,p,W'} < 0 & 自发过程，过程能向正方向进行 \\ \Delta G_{T,p,W'} = 0 & 平衡状态 \\ \Delta G_{T,p,W'} > 0 & 非自发过程，过程能向逆方向进行 \end{cases} \tag{1-19}$$

表 1-1 中将熵判据和吉布斯函数判据进行了比较。用吉布斯函数即可判断过程自发进行的方向、计算反应平衡常数等。

表 1-1　熵判据和吉布斯函数判据的比较

比较内容	熵判据	吉布斯函数判据
系统	隔离系统	封闭系统
过程	任何过程	等温、等压、不做非体积功
自发变化的方向	熵值增大，$\Delta S > 0$	吉布斯函数值减小，$\Delta G < 0$
平衡条件	熵值最大，$\Delta S = 0$	吉布斯函数值最小，$\Delta G = 0$
判据法名称	熵增加原理	最小自由能原理

如果化学反应在等温、等压条件下，除体积功外还做非体积功 W'，则吉布斯函数判据（可从热力学理论推导出）就变为

$$\begin{cases} \Delta G_{T,p} < W' & 自发过程 \\ \Delta G_{T,p} = W' & 平衡状态 \\ \Delta G_{T,p} > W' & 非自发过程 \end{cases} \tag{1-20}$$

式（1-20）表明：在等温、等压下，一个封闭系统所能做的最大非体积功等于其吉布斯函数的减少。

ΔG 作为反应(或过程)自发性的统一判断依据,实际上包含着焓变(ΔH)和熵变(ΔS)这两个因素。由于 ΔH 和 ΔS 均既可为正值,又可为负值,就有可能出现列于表 1 – 2 中的四种基本情况。

表 1 – 2 ΔH、ΔS 及 T 对反应自发性的影响

反应实例	ΔH	ΔS	$\Delta G = \Delta H - T\Delta S$	(正)反应自发性
$H_2(g) + Cl_2(g) = 2HCl(g)$	–	+	–	自发(任何温度)
$CO(g) = C(s) + 1/2O_2(g)$	+	–	+	非自发(任何温度)
$CaCO_3(s) = CaO(s) + CO_2(g)$	+	+	某温度时由正值变负值	升高温度,有利于反应自发进行
$N_2(g) + 3H_2(g) = 2NH_3(g)$	–	–	降低至某温度时由正值变负值	降低温度,有利于反应自发进行

应当注意:大多数反应属于 ΔH 和 ΔS 同号,此时温度对反应的自发性有决定性影响,存在一个自发进行的最低或最高温度,称为转变温度 T_c(此时 $\Delta G = 0$):

$$T_c = \frac{\Delta H}{\Delta S} \tag{1-21}$$

它取决于 ΔH 和 ΔS 的相对大小,是反应的本性。

2. 反应的标准摩尔吉布斯函数变

与定义标准摩尔生成焓 $\Delta_f H_m^\ominus$ 一致,在标准状态时,由指定单质生成单位物质量的纯物质时反应的吉布斯函数变,称为该物质的标准摩尔生成吉布斯函数变 $\Delta_f G_m^\ominus(T)$。任何指定单质的标准摩尔生成吉布斯函数为零。对于水合离子,规定水合 H^+ 的标准摩尔生成吉布斯函数为零。

一些物质在 298.15K 时 $\Delta_f G_m^\ominus(T)$ 数据可以在热力学常数表中查询,常用单位为 $kJ \cdot mol^{-1}$。

与定义反应的标准摩尔焓变 $\Delta_f H_m^\ominus(T)$ 类似,在标准状态时化学反应的摩尔吉布斯函数变称为反应的标准摩尔吉布斯函数变 $\Delta_f G_m^\ominus(T)$。显然,对于一般化学反应,可得出 298.15K 时反应的标准摩尔吉布斯函数变的计算式为

$$\Delta_r G_m^\ominus(298.15K) = \sum_B v_B \Delta_f G_{m,B}^\ominus(298.15K) \tag{1-22}$$

应当注意,反应的焓变与熵变可视为基本不随温度而变,而反应的吉布斯函数变近似为温度的线性函数,一定温度时 $\Delta G = \Delta H - T\Delta S$。

如果同时已知各物质的 $\Delta_f H_m^\ominus(298.15K)$ 和 $S_m^\ominus(298.15K)$ 的数据,可先算出 $\Delta_r H_m^\ominus(298.15K)$ 和 $\Delta_r S_m^\ominus(298.15K)$,再按式 $\Delta G = \Delta H - T\Delta S$ 求得任一温度 T 时的 $\Delta_r G_m^\ominus$,即

$$\Delta_r H_m^\ominus(298.15K) = \sum_B v_B \Delta_f H_{m,B}^\ominus(298.15K)$$

$$\Delta_r S_m^\ominus(298.15K) = \sum_B v_B S_{m,B}^\ominus(298.15K)$$

$$\Delta_r G_m^\ominus(T) \approx \Delta_r H_m^\ominus(298.15K) - T\Delta_r S_m^\ominus(298.15K) \qquad (1-23)$$

对应的转变温度 T_c:

$$T_c \approx \frac{\Delta_r H_m^\ominus(298.15K)}{\Delta_r S_m^\ominus(298.15K)} \qquad (1-24)$$

3. $\Delta_r G_m$ 与 $\Delta_r G_m^\ominus$ 的关系

给定条件下化学反应的吉布斯函数变为 $\Delta_r G_m$，相同温度的标准状态时化学反应的吉布斯函数变为 $\Delta_r G_m^\ominus$。对应给定条件，判断自发与否的依据是 $\Delta_r G_m$（不是 $\Delta_r G_m^\ominus$），$\Delta_r G_m$ 会随着系统中反应物和产物的分压或浓度的改变而改变。$\Delta_r G_m$ 与 $\Delta_r G_m^\ominus$ 的关系可由化学热力学理论推导得出，称为化学反应的等温方程。

对于理想气体化学反应，等温方程可表示为

$$\Delta_r G_m(T) = \Delta_r G_m^\ominus(T) + RT\ln\prod_B\left(\frac{p_B}{p^\ominus}\right)^{v_B} \qquad (1-25a)$$

式中：R 为摩尔气体常数；p_B 为气体 B 的分压力；$p^\ominus$ 为标准压力 ($p^\ominus = 100kPa$)；$\prod$ 为连乘算符。因产物的 v_B 为正，反应物的 v_B 为负，$\prod_B\left(\frac{p_B}{p^\ominus}\right)^{v_B}$ 为产物与反应物的 $(p_B/p^\ominus)^{v_B}$ 连乘之比，故习惯上将 $\prod_B\left(\frac{p_B}{p^\ominus}\right)^{v_B}$ 称为压力商（或反应商）Q，$\frac{p_B}{p^\ominus}$ 称为相对分压，所以式 (1-25a) 又可写成：

$$\Delta_r G_m(T) = \Delta_r G_m^\ominus(T) + RT\ln Q \qquad (1-25b)$$

显然，若所有气体的分压 p 均为标准压力 $p^\ominus$，则 $Q = 1$，$\Delta_r G_m(T) = \Delta_r G_m^\ominus(T)$，此时可用 $\Delta_r G_m^\ominus$ 判断标准状态下化学反应的自发性。但在一般情况下，需要根据等温方程求出指定态的 $\Delta_r G_m$，才能判断该条件下反应的自发性。也就是说，用于判断方向的 $\Delta_r G_m$ 必须与反应条件相对应。

对于水溶液中的离子反应，或有水合离子（或分子）参与的多相反应，由于此类物质变化的不是气体的分压，而是相应的水合离子（或分子）的浓度，根据化学热力学的推导，此时各物质的相对分压 $\left(\frac{p_B}{p^\ominus}\right)$ 将换为各相应物质的水合离子的相对浓度 $\left(\frac{c_B}{c^\ominus}\right)$，$c^\ominus$ 为标准浓度，$c^\ominus = 1 mol \cdot dm^{-3}$。若有参与反应的固态或液态的纯物质，则不必列入反应商中。对于一般化学反应方程式：

$$a\mathrm{A}(1) + b\mathrm{B}(\mathrm{aq}) = g\mathrm{G}(\mathrm{s}) + d\mathrm{D}(\mathrm{g})$$

等温方程可表示为

$$\Delta_\mathrm{r} G_\mathrm{m}(T) = \Delta_\mathrm{r} G_\mathrm{m}^{\ominus}(T) + RT\ln \frac{(p_\mathrm{D}/p^{\ominus})^d}{(c_\mathrm{B}/c^{\ominus})^b} \qquad (1-25\mathrm{c})$$

通常,沸点较低的不易液化的非极性气体,在常温常压时其行为与理想气体行为之间的偏差甚小,可按理想气体处理;SO_2、CO_2、NH_3等较易液化的实际气体,与理想气体的性质常有较大的偏差,只有在高温低压时,才可近似按理想气体处理。只有在很稀的溶液反应中才能用浓度c_B计算,否则需要采用活度代替浓度。$\Delta_\mathrm{r} G_\mathrm{m}$与$\Delta_\mathrm{r} G_\mathrm{m}^{\ominus}$的应用甚广。除用来估计、判断任一反应的自发性,估算反应自发进行的温度条件外,后面还将介绍$\Delta_\mathrm{r} G_\mathrm{m}$与$\Delta_\mathrm{r} G_\mathrm{m}^{\ominus}$的一些其他应用,如计算标准平衡常数$K^{\ominus}$,计算原电池的最大电功和电动势等。

例1.5 试计算石灰石($CaCO_3$)热分解反应的$\Delta_\mathrm{r} G_\mathrm{m}^{\ominus}$(298.15K)、$\Delta_\mathrm{r} G_\mathrm{m}^{\ominus}$(1273K)及转变温$T_\mathrm{c}$,并分析该反应在标准状态时的自发性。

解:写出化学反应方程式,从热力学数据表中查出反应物和产物的$\Delta_\mathrm{f} G_\mathrm{m}^{\ominus}$(298.15K)并在各物质下面标出。

$$\mathrm{CaCO_3(s)} = \mathrm{CaO(s)} + \mathrm{CO_2(g)}$$

$\Delta_\mathrm{f} G_\mathrm{m}^{\ominus}$(298.15K)/(kJ·mol^{-1})　　-1128.79　　-604.03　　-394.359

(1)计算$\Delta_\mathrm{r} G_\mathrm{m}^{\ominus}$(298.15K)。

方法(Ⅰ),利用$\Delta_\mathrm{f} G_\mathrm{m}^{\ominus}$(298.15K)的数据计算,得

$$\Delta_\mathrm{r} G_\mathrm{m}^{\ominus}(298.15\mathrm{K}) = \sum_\mathrm{B} v_\mathrm{B} \Delta_\mathrm{f} G_\mathrm{m}^{\ominus}(298.15\mathrm{K}) = [(-604.03) + (-394.359) - (-1128.79)]\mathrm{kJ \cdot mol^{-1}} = 130.40 \mathrm{kJ \cdot mol^{-1}}$$

方法(Ⅱ),利用$\Delta_\mathrm{f} H_\mathrm{m}^{\ominus}$(298.15K)和$\Delta_\mathrm{r} S_\mathrm{m}^{\ominus}$(298.15K)的数据计算,得

$$\Delta_\mathrm{r} G_\mathrm{m}^{\ominus}(298.15\mathrm{K}) = \Delta_\mathrm{r} H_\mathrm{m}^{\ominus}(298.15\mathrm{K}) - T\Delta_\mathrm{r} S_\mathrm{m}^{\ominus}(298.15\mathrm{K})$$
$$= (178.32 - 298.15 \times 160.59/1000)\mathrm{kJ \cdot mol^{-1}}$$
$$= 130.44 \mathrm{kJ \cdot mol^{-1}}$$

(2)计算$\Delta_\mathrm{r} G_\mathrm{m}^{\ominus}$(1273K)。

利用$\Delta_\mathrm{f} G_\mathrm{m}^{\ominus}$(298.15K)和$\Delta_\mathrm{r} S_\mathrm{m}^{\ominus}$(298.15K)的数据计算,得

$$\Delta_\mathrm{r} G_\mathrm{m}^{\ominus}(1273\mathrm{K}) \approx \Delta_\mathrm{r} H_\mathrm{m}^{\ominus}(298.15\mathrm{K}) - T\Delta_\mathrm{r} S_\mathrm{m}^{\ominus}(298.15\mathrm{K})$$
$$= (178.32 - 1273 \times 160.59/1000)\mathrm{kJ \cdot mol^{-1}}$$
$$= -26.11 \mathrm{kJ \cdot mol^{-1}}$$

(3)反应自发性的分析和T_c的估算。

298.15K的标准状态时,由于$\Delta_\mathrm{r} G_\mathrm{m}^{\ominus}$(298.15K)>0,所以石灰石热分解反应

非自发；1273K 的标准状态时,因 $\Delta_r G_m^{\ominus}(1273K) < 0$,故反应能自发进行。

石灰石分解反应,在一定压力下属低温非自发、高温自发的吸热、熵增反应,在标准状态时自发分解的最低温度即转变温度可按下式求得：

$$T_c \approx \frac{\Delta_r H_m^{\ominus}(298.15K)}{\Delta_r S_m^{\ominus}(298.15K)} = \frac{178.32 \times 10^3 \text{J} \cdot \text{mol}^{-1}}{160.59 \text{J} \cdot \text{mol}^{-1} \cdot \text{K}^{-1}} = 1110.4\text{K}$$

1.2.3 化学反应的限度和化学平衡

1. 反应限度和平衡常数

1) 反应限度

如前所述,对于等温、等压下不做非体积功的化学反应,当 $\Delta_r G < 0$ 时,反应沿着确定的方向自发进行；随着反应的不断进行,$\Delta_r G$ 值越来越大；当 $\Delta_r G = 0$ 时,反应达到了极限,即化学平衡状态。所以,$\Delta_r G = 0$ 或化学平衡就是给定条件下化学反应的限度,$\Delta_r G = 0$ 是化学平衡的热力学标志或称反应限度的判据。

平衡系统的性质不随时间而变化。达到化学平衡时,系统中每种物质的分压力或浓度都保持不变。但是,化学平衡是一种宏观上的动态平衡,是由于微观上持续进行着的正、逆反应的效果相互抵消所致。

2) 标准平衡常数

定义标准平衡常数：

$$K^{\ominus} = \exp\left(\frac{-\Delta_r G_m^{\ominus}}{RT}\right) \quad (1-26a)$$

或

$$-RT\ln K^{\ominus} = \Delta_r G_m^{\ominus} \quad (1-26b)$$

这是一个普遍式,对于气相、液相和固相或多相反应均适用。

根据化学反应的等温方程,理想气体反应系统存在：

$$\Delta_r G_m(T) = \Delta_r G_m^{\ominus}(T) + RT\ln \prod_B \left(\frac{p_B^{eq}}{p^{\ominus}}\right)^{v_B}$$

$$= RT\ln K^{\ominus} + RT\ln \prod_B \left(\frac{p_B^{eq}}{p^{\ominus}}\right)^{v_B}$$

当化学反应达到平衡时,$\Delta_r G_m = 0$,得到标准平衡常数的具体表达式

$$K^{\ominus} = \prod_B \left(\frac{p_B^{eq}}{p^{\ominus}}\right)^{v_B} \quad (1-27)$$

这说明标准平衡常数在数值上等于反应达到平衡时的产物与反应物的 $(p_B^{eq}/p^{\ominus})^{v_B}$ 连乘之比,p_B^{eq} 表示 B 组分的平衡分压,上角标 eq 表示"平衡"。如对于合成氨的平衡系统：$N_2(g) + 3H_2(g) = 2NH_3(g)$

$$K^{\ominus} = \frac{(p_{NH_3}^{eq}/p^{\ominus})^2}{(p_{N_2}^{eq}/p^{\ominus})(p_{H_2}^{eq}/p^{\ominus})^3}$$

对于一般化学反应方程式

$$aA(1) + bB(aq) = gG(s) + dD(g)$$

由等温方程可得

$$K^{\ominus} = \frac{(p_D^{eq}/p^{\ominus})^d}{(p_B^{eq}/p^{\ominus})^b} \tag{1-28}$$

即反应物或产物中液态或固态纯物质可不在 $K^{\ominus}$ 的表达式中出现。

使用标准平衡常数时,以下几个方面需注意:

(1) $K^{\ominus}$ 的量纲是1,其数值大小取决于反应的本性、温度及标准态的选择,与压力或组成无关。$K^{\ominus}$ 值越大,说明该反应进行得越彻底,反应物的转化率越高。

(2) 当规定了 $p^{\ominus}$ 和 $c^{\ominus}$ 值后,对于给定反应,$K^{\ominus}$ 只是温度的函数。在 $\Delta_r G_m^{\ominus}$ 和 $K^{\ominus}$ 换算时,两者温度必须一致,且应注明温度。若未注明,一般是指 $T = 298.15K$。

(3) $K^{\ominus}$ 的具体表达式可直接根据化学计量方程式(相变化可以看作特殊化学反应)写出。化学反应方程式中固态、液态纯物质或稀溶液中的溶剂(如水),在 $K^{\ominus}$ 表达式中不必列出,只需考虑平衡时气体的分压和溶质的浓度。

(4) $K^{\ominus}$ 的数值与化学计量方程式的写法有关。

3) 多重平衡规则

从以上平衡常数表达式的写法规定,可以推出一个有用的运算规则——多重平衡规则:如果某个反应可以表示为两个(或更多个)反应之和(差),则总反应的平衡常数等于各反应平衡常数的相乘(除)。即如果

反应(3) = 反应(1) + 反应(2)

则
$$K_3^{\ominus} = K_1^{\ominus} K_2^{\ominus} \tag{1-29}$$

利用多重平衡规则,可以从一些已知反应的平衡常数推出未知反应的平衡常数。这对于新产品合成路线的设计常常是很有用的。

例如,在某温度下生产水煤气时同时存在下列四个平衡:

$C(s) + H_2O(g) \rightleftharpoons CO(g) + H_2(g)$;$\Delta_r G_{m,1}^{\ominus} = -RT \ln K_1^{\ominus}$

$CO(g) + H_2O(g) \rightleftharpoons CO_2(g) + H_2(g)$;$\Delta_r G_{m,2}^{\ominus} = -RT \ln K_2^{\ominus}$

$C(s) + 2H_2O(g) \rightleftharpoons CO_2(g) + 2H_2(g)$;$\Delta_r G_{m,3}^{\ominus} = -RT \ln K_3^{\ominus}$

$C(s) + CO_2(g) \rightleftharpoons 2CO(g)$;$\Delta_r G_{m,4}^{\ominus} = -RT \ln K_4^{\ominus}$

其中第3、4个平衡可以看作是通过第1及第2个平衡的建立而形成的。

$$\Delta_r G_{m,3}^{\ominus} = \Delta_r G_{m,1}^{\ominus} + \Delta_r G_{m,2}^{\ominus}$$

$$\Delta_r G_{m,4}^{\ominus} = \Delta_r G_{m,1}^{\ominus} - \Delta_r G_{m,2}^{\ominus}$$

所以,根据式(1-29)可得 $K_3^{\ominus} = K_1^{\ominus} K_2^{\ominus}$; $K_4^{\ominus} = \dfrac{K_1^{\ominus}}{K_2^{\ominus}}$

2. 化学平衡的有关计算

许多重要的工程实际过程,都涉及化学平衡或需借助平衡产率以衡量实践过程的完善程度。因此,掌握有关化学平衡的计算十分重要。此类计算的重点是:从标准热力学函数或实验数据求平衡常数;用平衡常数求各物质的平衡组分(分压、浓度、最大产率等);条件变化对反应的方向和限度的影响等。有关化学平衡计算中,应特别注意:

(1)写出配平的化学反应方程式,并注明物质的聚集状态(如果物质有多种晶型,还应注明是哪一种)。这对查找标准热力学函数的数据及进行运算,或正确书写 $K^{\ominus}$ 表达式都是十分必要的。

(2)当涉及各物质的初始量、变化量、平衡量时,关键是要搞清各物质的变化量之比即为化学反应方程式中各物质的化学计量数之比。

例1.6 $C(s) + CO_2(g) \rightleftharpoons 2CO(g)$ 是高温加工处理钢铁零件时涉及脱碳氧化或渗碳的一个重要化学平衡式。试分别计算或估算该反应在298.15K和1173K时的标准平衡常数 $K^{\ominus}$ 值,并简单说明其意义。

解:从热力学数据表中查出有关物质的标准热力学函数,并标在相关化学式之下。

	C(s,石墨)	+	$CO_2(g)$	$\rightleftharpoons$	$2CO(g)$
$\Delta_f H_m^{\ominus}(298.15K)/(kJ \cdot mol^{-1})$	0		-393.509		-110.525
$S_m^{\ominus}(298.15K)/(J \cdot mol^{-1} \cdot K^{-1})$	5.740		213.74		197.674

(1) 298.15K 时

$$\Delta_r H_m^{\ominus}(298.15K) = \sum_B v_B \Delta_f H_{m,B}^{\ominus}(298.15K)$$
$$= [2 \times (-110.525) - 0 - (-393.509)] kJ \cdot mol^{-1}$$
$$= 172.459 kJ \cdot mol^{-1}$$

$$\Delta_r S_m^{\ominus} = \sum_B v_B S_{m,B}^{\ominus}$$
$$= [2 \times 197.674 - 5.740 - 213.74] J \cdot mol^{-1} \cdot K^{-1}$$
$$= 175.87 J \cdot mol^{-1} \cdot K^{-1}$$

$$\Delta_r G_m^{\ominus}(298.15K) = \Delta_r H_m^{\ominus}(298.15K) - T\Delta_r S_m^{\ominus}(298.15K)$$
$$= (172.459 - 298.15 \times 0.17587) kJ \cdot mol^{-1}$$
$$= 120.02 kJ \cdot mol^{-1}$$

$$\Delta_r G_m^{\ominus}(1173K) \approx \Delta_r H_m^{\ominus}(298.15K) - T\Delta_r S_m^{\ominus}(298.15K)$$

$$= (172.459 - 1173 \times 0.17587) \text{kJ} \cdot \text{mol}^{-1} \quad K^{\ominus} = \exp\left(\frac{-\Delta_r G_m^{\ominus}}{RT}\right) = 32$$

计算结果分析:温度从室温(25℃)增至高温(900℃)时,$\Delta_r G_m^{\ominus}$ 值急剧减小,反应从非自发转变为自发进行,$K^{\ominus}$ 值显著增大;从 $K^{\ominus}$ 值看,25℃时钢铁中碳被 CO_2 氧化的脱碳反应实际上没有进行,但 900℃时,钢铁中的碳(以石墨或渗碳体 Fe_3C 形式存在)被氧化脱碳程度会较大,但仍具有明显的可逆性。钢铁脱碳会降低钢铁零件的强度等而使其性能变差。欲使钢铁零件既不脱碳又不渗碳,应使钢铁热处理的炉内气氛中 CO 与 CO_2 组分比符合该温度时 $[p(CO)/p^{\ominus}]^2/[p(CO_2)/p^{\ominus}] = K^{\ominus}$ 值。

化学热处理工艺中,也有利用这一化学平衡,在高温时采用含有 CO 的气氛进行钢铁零件表面渗碳(使上述反应逆向进行)处理,以改善钢铁表面性能,提高其硬度、耐磨性、耐热、耐蚀和抗疲劳性能等。

例 1.7 将 1.20mol SO_2 和 2.00mol O_2 的混合气体,800K 和 101.325kPa 的总压力下,缓慢通过 V_2O_5 催化剂使生成 SO_3,在等温等压下达到平衡后,测得混合物中生成的 SO_3 为 1.10mol。试利用上述实验数据求该温度下反应 $2SO_2(g) + O_2(g) = 2SO_3(g)$ 的 $K^{\ominus}$、$\Delta_r G_m^{\ominus}$ 及 SO_2 的转化率,并讨论温度、总压力对 SO_2 转化率的影响。

解:

	$2SO_2(g)$	+ $O_2(g)$	= $2SO_3(g)$
起始时物质的量/mol	1.20	2.00	0
反应中物质的量的变化/mol	−1.10	−1.10/2	1.10
平衡时物质的量/mol	0.10	1.45	1.10
平衡时的摩尔分数	0.10/2.65	1.45/2.65	1.10/2.65
平衡时的分压/kPa	3.82	55.4	42.1

$$K^{\ominus} = \frac{(p_{SO_3}^{eq}/p^{\ominus})^2}{\dfrac{p_{SO_2}^{eq}}{(p^{\ominus})^2}\left(\dfrac{p_{O_2}^{eq}}{p^{\ominus}}\right)} = \frac{(p_{SO_3}^{eq})^2 p^{\ominus}}{(p_{SO_2}^{eq})^2 p_{O_2}^{eq}}$$

$$= \frac{(42.1)^2 \times 100}{3.82^2 \times 55.4} = 219$$

$$\Delta_r G_m^{\ominus} = -RT\ln K^{\ominus}$$
$$= -8.314 \text{J} \cdot \text{mol}^{-1} \cdot \text{K}^{-1} \times 800\text{K} \times \ln 219$$
$$= -3.58 \times 10^4 \text{J} \cdot \text{mol}^{-1}$$

$$SO_2 \text{ 的转化率} = \frac{\text{平衡时 } SO_2 \text{ 已转化的量}}{SO_2 \text{ 的起始量}} \times 100\% = \frac{1.10}{1.20} \times 100\% = 91.7\%$$

计算结果讨论:此反应为气体分子数减小的反应,可判断$\Delta_r S_m^{\ominus} < 0$,从上面计算已得$\Delta_r G_m^{\ominus} < 0$,则根据关系式$\Delta G = \Delta H - T\Delta S$可判断必为$\Delta_r H_m^{\ominus} < 0$的放热反应,根据平衡移动原理,高压低温有利于提高$SO_2$的转化率。在接触法制备$H_2SO_4$的生产实践中,为了充分利用$SO_2$,采用比本题更为过量的$O_2$在常压下,转化率已高达96%~98%,所以实际上,无须采用高压,温度的选择是要兼顾反应速率,采用能使V_2O_5催化剂具有高活性的适当低温。

3. 化学平衡的移动及温度对平衡常数的影响

平衡是相对的、暂时的,只有在一定的条件下才能保持;这种因反应条件的改变使化学反应从原来的平衡状态转变到新的平衡状态的过程叫化学平衡的移动。

中学里已学过平衡移动原理——吕·查德里(Le Châtelier)原理:假如改变平衡系统的条件之一,如浓度、压力或温度,平衡就向能减弱这个改变的方向移动。应用这个规律,可以改变条件,使所需的反应进行得完全。

根据化学反应的等温方程:
$\Delta_r G_m(T) = \Delta_r G_m^{\ominus} + RT\ln Q$,以及$\Delta_r G_m^{\ominus} = -RT\ln K^{\ominus}$,可得

$$\Delta_r G_m = RT\ln \frac{Q}{K^{\ominus}} \tag{1-30}$$

根据此式,只需比较指定态的反应商Q与标准平衡常数$K^{\ominus}$的相对大小,就可以判断反应进行(即平衡移动)的方向,可分下列三种情况:

当$Q < K^{\ominus}$,则$\Delta_r G_m < 0$,反应正向自发进行;

当$Q = K^{\ominus}$,则$\Delta_r G_m = 0$,平衡状态;

当$Q > K^{\ominus}$,则$\Delta_r G_m > 0$,反应逆向自发进行。 $\tag{1-31}$

在定温下,$K^{\ominus}$是常数,而Q则可通过调节反应物或产物的量(即浓度或分压)加以改变。若希望反应正向进行,就通过移去产物或增加反应物使$Q < K^{\ominus}$,$\Delta_r G_m < 0$,从而达到预期的目的。例如,合成氨生产中,用冷冻方法将生成的NH_3从系统中分离出去,降低Q值,反应能持续进行,且原料气N_2与H_2可循环使用。

另外,由$\Delta_r G_m^{\ominus} = -RT\ln K^{\ominus}$和$\Delta_r G_m^{\ominus} = \Delta_r H_m^{\ominus} - T\Delta_r S_m^{\ominus}$可得

$$\ln K^{\ominus} = -\frac{\Delta_r H_m^{\ominus}}{RT} + \frac{\Delta_r S_m^{\ominus}}{R} \tag{1-32a}$$

设某一反应在不同温度T_1和T_2时的平衡常数分别为$K_1^{\ominus}$和$K_2^{\ominus}$,且$\Delta_r H_m^{\ominus}$和$\Delta_r S_m^{\ominus}$为常数,则

$$\ln \frac{K_1^{\ominus}}{K_2^{\ominus}} = -\frac{\Delta_r H_m^{\ominus}}{R}\left(\frac{1}{T_2} - \frac{1}{T_1}\right) = \frac{\Delta_r H_m^{\ominus}}{R}\left(\frac{T_2 - T_1}{T_2 T_1}\right) \tag{1-32b}$$

式(1-32b)称为范特霍夫方程。它是表达温度对平衡常数影响的十分有用的公式。它表明了$\Delta_r H_m^{\ominus}$、T 与 $K^{\ominus}$ 间的相互关系,沟通了量热数据与平衡数据。若已知量热数据(反应焓),及某温度 T_1 时的 $K^{\ominus}$,就可推算出另一温度 T_2 下的 $K^{\ominus}$;若已知两个不同温度下反应的 $K^{\ominus}$,则不但可以判断反应是吸热还是放热,而且还可以求出 $\Delta_r H_m^{\ominus}$ 的数值。在应用此式进行计算时,应特别注意 $\Delta_r H_m^{\ominus}$ 与 R 中能量单位要一致。

对于一个给定的化学反应,由于 $\Delta_r H_m^{\ominus}$ 放热反应和 $\Delta_r S_m^{\ominus}$ 可近似地看作是与温度无关的常数,则从式(1-32a)可得 $\ln K^{\ominus}$ 对 $1/T$ 作图为一直线,如图1-3所示。

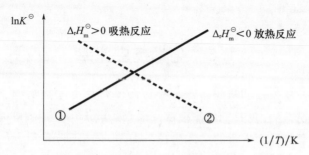

图 1-3　$\ln K^{\ominus}$ 对 $1/T$(用量值法作图)

这时,式(1-32a)可写成:

$$\ln K^{\ominus} = \frac{A}{T} + B \quad\quad (1-33)$$

式中:斜率 $A = -\Delta_r H_m^{\ominus}(298.15K)/R$,截距 $B = \Delta_r S_m^{\ominus}(298.15K)/R$。对于给定的反应,$A$ 与 B 为其特征常数。显然,对于 $\Delta_r H_m^{\ominus}$ 为负值的放热反应,直线斜率为正值,随着温度的升高(横坐标 $1/T$ 值减小)$K^{\ominus}$ 值将减小,不利于正反应,如图1-3中线①。对于 $\Delta_r H_m^{\ominus}$ 为正值的吸热反应,则如图1-3中的线②,斜率为负值,表示随着温度的升高,$K^{\ominus}$ 值增大,平衡向正反应方向移动。

综上所述可知:吕·查德里原理中温度与浓度或分压是分别从 $K^{\ominus}$ 和 Q 这两个不同的方面来影响平衡的,但其结果都依据系统的 $\Delta_r G_m$ 是否小于零这一判断反应自发性的最小自由能原理。化学平衡的移动或化学反应的方向考虑的是反应的自发性,取决于 $\Delta_r G_m$ 是否小于零;化学平衡则考虑的是反应的限度,即平衡常数,它取决于 $\Delta_r G_m^{\ominus}$(注意不是 $\Delta_r G_m$)数值的大小。

例1.8　已知合成氨反应:

$N_2(g) + 3H_2(g) = 2NH_3(g)$;$\Delta_r H_m^{\ominus}(298.15K) = -92.22 kJ \cdot mol^{-1}$,若

298.15K 时的 $K_1^\ominus = 6.0 \times 10^5$,试计算700K时平衡常数 $K_2^\ominus$。

解：根据范特霍夫方程(1-32b)得

$$\ln \frac{K_2^\ominus}{K_1^\ominus} = -\frac{\Delta_r H_m^\ominus}{R}\left(\frac{1}{T_2} - \frac{1}{T_1}\right) = \frac{-92.22 \times 10^3}{8.314 \text{J} \cdot \text{mol}^{-1} \cdot \text{K}^{-1}}\left(\frac{1}{700\text{K}} - \frac{1}{298.15\text{K}}\right) = -21.4$$

则

$$\frac{K_2^\ominus}{K_1^\ominus} = 5.1 \times 10^{-10}$$

$$K_2^\ominus = 3.1 \times 10^{-4}$$

此系统从室温25℃升高到427℃,它的平衡常数是原来的 5×10^{-10} 倍。因此,可以推断,为了获得合成氨的高产率,仅从化学热力学考虑,就需要采用尽可能低的反应温度。

1.3 化学反应速率

化学热力学从宏观的角度研究化学反应进行的方向和限度,不涉及时间因素和物质的微观结构,我们也不能根据反应趋势的大小来预测反应进行的快慢。化学反应的速率与反应进行的具体途径(即反应的机理)有很大的关系,这两者都属于化学动力学研究的范畴。化学动力学在理论和实践上,都具有十分重要的意义。通过化学动力学的研究,可以知道如何控制反应条件,以达到提高主反应的速率,抑制副反应的速率,减少原料消耗,增加产量,提高产品质量的目的。化学动力学的研究还可以告诉我们如何避免危险品爆炸,如何防止金属腐蚀、橡胶和塑料老化等。在本节中,首先介绍化学反应速率的定义及表示方法,着重讨论温度、催化剂等因素对化学反应速率的影响,对链反应和光化反应等也将简要地予以介绍。

1.3.1 化学反应速率和速率方程

1. 反应速率的定义

对于化学反应,$0 = \sum_B v_B B$,定义反应速率

$$v = \frac{1}{V}\frac{d\xi}{dt} \tag{1-34a}$$

即反应速率为单位时间、单位体积内发生的反应进度,其SI单位为 $\text{mol} \cdot \text{dm}^{-3} \cdot \text{s}^{-1}$,对于较慢的反应,时间单位也可采用min,h或a(年)等。

对于等容反应,上式可写成:

$$v = \frac{1}{v_B}\frac{dc_B}{dt} \qquad (1-34b)$$

这样定义的反应速率的量值与所研究反应中物质 B 的选择无关,即可选择任何一种反应物或产物来表达反应速率,都可得到相同的数值。

应当注意,反应速率与反应进度一样,必须对应于化学反应方程式。因为化学计量数 v_B 与化学反应方程式的写法有关。例如,对合成氨反应

$$N_2(g) + 3H_2(g) = 2NH_3(g)$$

其反应速率:

$$v = \frac{1}{2}\frac{dc_{NH_3}}{dt} = -\frac{dc_{N_2}}{dt} = -\frac{1}{3}\frac{dc_{H_2}}{dt}$$

2. 速率方程和反应级数

化学反应可以分为基元反应(又称元反应)和非基元反应(复合反应)。基元反应即一步完成的反应,是组成复合反应的基本单元。复合反应由两个或两个以上基元反应构成。反应机理(或反应历程)指明某复合反应由哪些基元反应组成。

对于基元反应,反应速率与各反应物浓度的幂乘积(以化学反应方程式中相应物质的化学计量数的绝对值为指数)成正比,这个定量关系称为质量作用定律,是基元反应的速率方程,又称动力学方程。

即对于基元反应:$aA + bB \rightarrow gG + dD$

$$v = kc_A^a c_B^b \qquad (1-35)$$

速率方程中的比例系数 k 称为该反应的速率常数,在同一温度、催化剂等条件下,k 是不随反应物浓度而改变的定值。速率常数 k 的物理意义是各反应物浓度均为单位浓度时的反应速率。显然,k 的单位因 $(a+b)$ 值不同而异。速率方程中的反应物浓度的指数之和 $(n = a+b)$ 称为反应级数,其中某反应物浓度的指数 a 或 b,称为该反应对于反应物 A 或 B 的分级数,即说对 A 为 a 级反应,对 B 为 b 级反应。

质量作用定律只适用于基元反应,反应级数可直接从化学反应方程式得到;对于复合反应,反应级数由实验测定,常见的有一级和二级反应,也有零级和三级反应,甚至分数级。质量作用定律不适用于复合反应,但有些非基元反应形式上也满足质量作用定律,$H_2(g) + I_2(g) \rightarrow 2HI(g)$ 是由三个基元反应组成的复合反应,实验证明其速率方程为 $v = kc_{H_2}c_{I_2}$。不遵从质量作用定律的一定为非基元反应。对于下列反应:

$$2NO + 2H_2 \rightarrow N_2 + 2H_2O$$

根据实验结果得出速率方程为 $v = k\, c_{NO}^2 c_{H_2}$

则可肯定此反应为非基元反应,其反应机理由以下两个基元反应组成:

$$2NO + H_2 \rightarrow N_2 + H_2O_2 \quad (慢)$$
$$H_2 + H_2O_2 \rightarrow 2H_2O \quad (快)$$

在这两个步骤中,第二步进行得很快。但是,要使第二步发生,必须先有 H_2O_2 生成。第一步生成 H_2O_2 的过程因进行得较缓慢,成为控制整个反应速率的步骤,所以总的反应速率取决于生成 H_2O_2 的速率,从而可得出与上述实验结果一致的速率方程。此反应为三级反应。

应当指出:通常所写的化学反应方程式是没有考虑反应机理的化学计量方程式。依热力学原理,这种化学反应方程式是有意义的,但从动力学来看,还需考虑反应机理才更有意义。

3. 一级反应

以一级反应为例讨论速率方程的具体特征。若化学反应速率与反应物浓度的一次方成正比,即为一级反应。某些元素的放射性衰变,一些物质的分解反应(如 $I_2 \rightarrow 2I\cdot$),蔗糖转化为葡萄糖和果糖的反应等均属一级反应。

一级反应的速率方程为

$$v = -\frac{dc}{dt} = kc \qquad (1-36)$$

将式(1-36)进行分离变量并积分(设反应时间从 0 到 t,反应物浓度从 c_0 变到 c)可得 $-\int_{c_0}^{c} \frac{dc}{c} = \int_{0}^{t} k dt$,从而

$$\ln \frac{c_0}{c} = kt \qquad (1-37a)$$

即

$$\ln c = \ln c_0 - kt \qquad (1-37b)$$

或

$$c = c_0 e^{-kt} \qquad (1-37c)$$

反应物消耗一半(此时 $c = c_0/2$)所需的时间,称为半衰期,符号为 $t_{\frac{1}{2}}$。从式(1-37c)可得一级反应的半衰期

$$t_{\frac{1}{2}} = \frac{\ln 2}{k} = \frac{0.693}{k} \qquad (1-38)$$

由此可得一级反应的特征:

(1) $\ln c$ 对 t 作图得一直线,斜率为 $-k$。

(2) 半衰期 $t_{\frac{1}{2}}$ 与反应物的起始浓度无关。

(3) 速率常数 k 具有(时间)$^{-1}$ 的量纲,其 SI 单位为 s^{-1}。

例 1.9 从考古发现的某古书卷中取出的小块纸片,测得其 $^{14}_{6}C$、$^{12}_{6}C$ 的比值

为现在活的植物体内 $^{14}_{6}C$、$^{12}_{6}C$ 比值的 0.795 倍。试估算该古书卷的年代。

解:已知 $^{14}_{6}C \longrightarrow ^{14}_{7}N + ^{0}_{-1}e$, $t_{\frac{1}{2}} = 5730a$,可用式(1-36)求得此一级反应速率常数 k:

$$k = 0.693/t_{\frac{1}{2}} = 0.693/5730a = 1.21 \times 10^{-4} a^{-1}$$

根据式(1-37a)及题意 $c = 0.795 c_0$,可得

$$\ln \frac{c_0}{0.795 c_0} = (1.21 \times 10^{-4} a^{-1}) t, t = 1900a$$

即该古书卷是将近两千年前的文物。

1.3.2 温度对反应速率的影响

温度对化学反应速率的影响特别显著。实验表明,对于大多数反应,温度升高反应速率增大,即速率常数 k 随温度升高而增大,而且呈指数变化。

阿伦尼乌斯(S. Arrhenius)根据大量实验和理论验证,提出反应速率与温度的定量关系式,即阿伦尼乌斯方程:

$$k = A e^{-E_a/(RT)} \tag{1-39a}$$

或

$$\ln k = \ln A - \frac{E_a}{RT} \tag{1-39b}$$

式中:A 为指前因子,与速率常数 k 有相同的量纲;E_a 为反应的活化能(通常为正值),常用单位为 $kJ \cdot mol^{-1}$;R 为摩尔气体常数;A 与 E_a 都是反应的特性常数,基本与温度无关,均可由实验求得。

如果 A 与 E_a 视为常数,以实验测得的 $\ln k$ 对 $1/T$ 作图为一直线,从斜率可得活化能,通常又称表观活化能。这是从 k 求活化能 E_a 的重要方法。同时,可得

$$\ln \frac{k_2}{k_1} = -\frac{E_a}{R}\left(\frac{1}{T_2} - \frac{1}{T_1}\right) = \frac{E_a}{R}\left(\frac{T_2 - T_1}{T_1 T_2}\right) \tag{1-39c}$$

式中:k_1 和 k_2 分别为温度 T_1 和 T_2 时的速率常数。

式(1-39)的三个式子是阿伦尼乌斯方程的不同形式,该式表明活化能的大小反映了反应速率随温度变化的程度。活化能较大的反应,温度对反应速率的影响较显著,升高温度能显著地加快反应速率。

1.3.3 反应的活化能和催化剂

1. 活化能的意义

在反应过程中,反应物原子间的结合关系必然发生变化,原子间的化学键需

先减弱以至于断裂,而后再产生新的结合关系,形成新的化学键,生成新的物质。在这种旧的化学键断裂与新的化学键建立的过程中,必须首先给予足够的能量使旧的化学键减弱以至于断裂。

根据气体分子运动理论,只有具有足够高能量的反应物分子(或原子)的碰撞才有可能发生反应。这种能够发生反应的碰撞叫作有效碰撞。要发生反应的有效碰撞,不仅需要分子具有足够高的能量,而且还要考虑分子碰撞时的空间取向等因素。

根据过渡态理论,当具有足够高能量的分子彼此以适当的空间取向相互靠近到一定程度时(不一定要发生碰撞),会引起分子内部结构的连续性变化,使原来以化学键结合的原子间的距离变长,而没有结合的原子间的距离变短,形成了过渡态的构型,称为活化络合物。例如,对于下列反应:

$$CO + NO_2 \rightarrow CO_2 + NO$$

设想反应过程为

$$O-C + O-N \rightleftharpoons O-C\cdots O\cdots N \rightarrow O-C-O + N-O$$
$$\text{反应物(始态)} \qquad \text{活化络合物(过渡态)} \qquad \text{生成物(终态)}$$

其中短线"—"只表示以化学键相结合,而不代表具体是什么类型的化学键。

过渡态的势能高于始态也高于终态,由此形成一个能垒,如图 1-4 所示。要使反应物变成产物,必须使反应物分子"爬上"这个能垒,否则反应不能进行。活化能的物理意义就在于需要克服这个能垒,即在化学反应中破坏旧键所需的最低能量。这种具有足够高的能量,可发生有效碰撞或彼此接近时能形成活化络合物(过渡态)的分子称为活化分子。

活化络合物分子与反应物分子平均能量之差称为活化能。图 1-4 中简单表示出反应中的活化能。E_I 表示反应物分子的平均能量,E_{II} 表示生成物分子的平均能量,E_a 表示活化络合物(过渡态)的平均能量,$E_a(正) = E^{\neq} - E_I$,它表示正反应的活化能。若该反应可逆向进行,则 $E_a(逆) = E^{\neq} - E_{II}$,它表示逆反应的活化能。

反应系统中的能量变化(ΔE)只决定于系统终态的能量(E_{II})与始态的能量(E_I),而与反应过程的具体途径无关,即 $\Delta E = E_{II} - E_I$。系统的能量通常就指热力学能 U,所以 $\Delta E = \Delta U$。对于大多数化学反应来说,$\Delta_r U_m$ 与 $\Delta_r H_m$ 之差很小,因而可得

$$E_{II} - E_I = \Delta_r U_m \approx \Delta_r H_m \tag{1-40}$$

$$E_a(正) - E_a(逆) \approx \Delta_r H_m \tag{1-41}$$

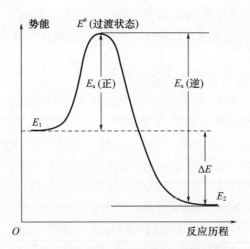

图1-4 反应系统活化能示意图

例1.10 已知下列氨分解反应的活化能约为300kJ·mol^{-1};试应用标准热力学函数估算合成氨反应的活化能。

$$NH_3(g) = \frac{1}{2}N_2(g) + \frac{3}{2}H_2(g)$$

解:按氨分解反应为正反应进行估算。

(1)查阅氨分解反应中各物质的$\Delta_f H_m^{\ominus}(298.15K)$的数据,先计算出该反应的$\Delta_r H_m^{\ominus}(298.15K)$(注意:需要以上述氨分解的化学反应方程式为依据)。

$$\Delta_r H_m^{\ominus}(298.15K) = \frac{1}{2}\Delta_f H_m^{\ominus}(N_2,g,298.15K)$$
$$+ \frac{3}{2}\Delta_f H_m^{\ominus}(H_2,g,298.15K) - \Delta_f H_m^{\ominus}(NH_3,g,298.15K)$$
$$= [0+0-(-46.11)]kJ·mol^{-1} = 46.11 kJ·mol^{-1}$$

(2)设氨分解反应为正反应,已知其活化能$E_a(正) \approx 300kJ·mol^{-1}$,则合成复反应为逆反应,其活化能为$E_a(逆)$。按式(1-41)作为近似计算$\Delta_r H_m^{\ominus}$。可用$\Delta_r H_m^{\ominus}(298.15K)$代替,则可得

$$E_a(正) - E_a(逆) \approx \Delta_r H_m^{\ominus}(298.15K)$$
$$E_a(逆) \approx E_a(正) - \Delta_r H_m^{\ominus}(298.15K) = 300kJ·mol^{-1} - 46.11kJ·mol^{-1}$$
$$= 254kJ·mol^{-1}。$$

所以,合成氨反应$\frac{1}{2}N_2(g) + \frac{3}{2}H_2(g) = NH_3(g)$的活化能约为254kJ·mol^{-1}。

实验表明,一般反应的活化能为42~420kJ·mol^{-1},其中大多数为63~

$250 kJ \cdot mol^{-1}$。正是由于各反应的活化能不同,所以在同一温度下各反应的速率相差很大。在一定温度下,反应的活化能越大,则反应越慢;反应的活化能越小,则反应越快。

2. 热力学稳定性与动力学稳定性

一个系统或化合物是否稳定,要注意到热力学稳定性和动力学稳定性两个方面。一个热力学稳定系统必然在动力学上也是稳定的。但一个热力学上不稳定的系统,由于某些动力学的限制因素,在动力学上却是稳定的(如上述的合成氨反应等)。对这类热力学判定可自发进行而实际反应速率太慢的反应,若又是人们所需要的,就要研究和开发高效催化剂,促使其反应快速进行。这是科学家重视和潜心研究的一大类化学反应。例如:

$$CO(g) + NO(g) \rightarrow CO_2(g) + 1/2 N_2(g)$$
$$\Delta_r G_m^{\ominus}(298.15K) = -343.74 kJ \cdot mol^{-1}$$

$K^{\ominus} = 1.68 \times 10^{60}$,从热力学平衡角度看,即使在汽车尾气的低浓度条件下,反应也可能是很完全的。但由于动力学原因,实际转化率很低,从而迫使人们去寻找高效催化剂来消除汽车尾气中的这些有害物质。

3. 加快反应速率的方法

从活化分子和活化能观点来看,增加单位体积内活化分子总数可加快反应速率。活化分子总数 = 活化分子分数 × 分子总数。

(1)增大浓度(或气体压力)。一定温度下活化分子分数一定,增大浓度(或气体压力),即增大单位体积内的分子总数,从而增大活化分子总数。用这种方法来加快反应速率的效率通常并不高,而且是有限度的。

(2)升高温度。分子总数不变,升高温度能使更多分子因获得能量而成为活化分子,活化分子分数可显著增加,从而增大单位体积内活化分子总数。升高温度虽能使反应速率迅速地增加,但人们往往不希望反应在高温下进行,因为这不仅需要高温设备,耗费热、电这类能量,而且反应的产物在高温下可能不稳定或者会发生一些副反应。

(3)降低活化能。常温下,一般反应物分子的能量并不大,活化分子分数通常极小。如果设法降低反应的活化能,即降低反应的能垒,虽然温度、分子总数不变,但也能使更多分子成为活化分子,活化分子分数可显著增加,从而增大单位体积内活化分子总数。通常可选用催化剂以改变反应的历程,提供活化能能垒较低的反应途径。

4. 催化剂

催化剂(又称触媒)是能显著增加化学反应速率而本身的组成、质量和化学性质在反应前后保持不变的物质。

为什么加入催化剂能显著改变化学反应速率呢？这主要是因为催化剂能与反应物生成不稳定的中间络合物,改变了原来的反应历程,为反应提供一条能垒较低的反应途径,从而降低了反应的活化能。例如,合成氨生产中加入铁催化剂后,如图1-5曲线②所示,改变了反应历程,使反应分几步进行,而每一步反应的活化能都大大低于原总反应的活化能,因而每一步反应的活化分子分数大大增加,使每步反应的速率都加快,导致总反应速率的加快。

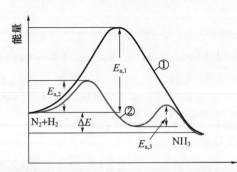

图1-5 合成氨反应铁催化剂改变反应历程,降低活化能示意图

例1.11 计算合成氨反应在298K时采用铁催化剂后反应速率各增加多少倍？设未采用催化剂时 $E_{a,1}=254$ kJ·mol^{-1},采用催化剂后 $E_{a,2}=146$ kJ·mol^{-1}。

解:设指前因子 A 不因采用铁催化剂而改变,则根据阿伦尼乌斯方程,即式(1-39b)可得 $\ln\dfrac{k_2}{k_1}=\ln\dfrac{v_2}{v_1}=\dfrac{E_{a,1}-E_{a,2}}{RT}$

当 $T=298$ K,可得

$$\ln\frac{v_2}{v_1}=\frac{(254-146)\times 1000 \text{J}\cdot\text{mol}^{-1}}{8.314\text{J}\cdot\text{mol}^{-1}\cdot\text{K}^{-1}\times 298\text{K}}=43.59$$

$$\frac{v_2}{v_1}=8.5\times 10^{18}$$

以上计算说明,有铁催化剂与无催化剂相比较,298K时的反应速率显著增大,增加 8.5×10^{18} 倍。

催化剂的主要特性有:

(1)能改变反应途径,降低活化能,使反应速率显著增大。催化剂参与反应后能在生成最终产物的过程中解脱出来,恢复原态,但物理性质如颗粒度、密度、光泽等可能改变。

(2)只能加速达到平衡而不能改变平衡的状态。即同等地加速正向和逆向反应,而不能改变平衡常数。

(3)有特殊的选择性。一种催化剂只加速一种或少数几种特定类型的反应。这在生产实践中极有价值,它能使人们在指定时间内消耗同样数量的原料时可得到更多的所需产品。例如,工业上用水煤气为原料,使用不同的催化剂可得到不同的产物。

(4)催化剂对少量杂质特别敏感。这种杂质可能成为助催化剂,也可能引起催化剂中毒,失去活性。

5. 酶催化

大多数酶是动植物和微生物产生的、具有高效催化性能的蛋白质,其分子量为 $10^4 \sim 10^6$(尺度大小属于胶体范围)。生物体内的化学反应几乎都在酶的催化下进行,可以说,没有酶催化就没有生命。同时酶也可用于工业生产,现在已可用酶催化法生产不少氨基酸、抗生素、有机酸、酒精等重要化工和医药产品。酶学研究酶与催化功能的实际应用已有重大突破和发展。

酶催化比一般催化反应更具特色:

(1)高度的选择性(或称高度的专一性)。如尿素酶(即使溶液中只含千万分之一)只能催化尿素$(NH_2)_2CO$ 水解为 CO_2 和 NH_3,但不能催化尿素的取代物水解。

(2)高度的催化活性酶能显著降低活化能,其催化效率为一般酸碱催化剂的 $10^8 \sim 10^{11}$ 倍。如 H_2O_2 的分解速率,在 0℃ 时用过氧化氢酶催化是用无机催化剂胶态钯催化的 5.7×10^{11} 倍,是不用催化剂时的 6.3×10^{12} 倍。

(3)特殊的温度效应。温度对酶催化反应速率也有很大的影响,如图 1-6 所示,有一个最佳温度。温度过高或过低都会引起蛋白质变性而使酶失活,大部分酶在 60℃ 以上变性。

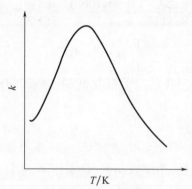

图 1-6 酶催化反应的速率常数 k 与 T 的关系

(4)反应条件温和,一般在常温常压下进行。例如,某些植物内部的固氮酶在常温常压下能固定空气中的 N_2 并将其转化为 NH_3,而以铁为催化剂的工业合成氨却需要高温高压。

由于酶催化的诸多优点,化学模拟生物酶成为催化研究的一个活跃领域。如固定氮和光合作用的模拟等都有十分重要的意义。

1.3.4 链反应和光化学反应

1. 链反应(连锁反应)

用热、光或引发剂等使反应引发,就能通过活性中间物(如自由基)的不断再生而使反应像锁链一样,一环扣一环持续进行的一类复合反应称为链反应。石油的裂解、碳氢化合物的氧化和卤化、高聚物的合成、一些有机化合物热分解及燃烧、爆炸反应等都与链反应有关。

链反应由链引发、链传递和链终止三个阶段组成:

(1)链引发。这是由起始的分子借助光、热或引发剂等外因作用而裂解成自由系或原子的反应步骤。这步所需活化能较高(与断裂化学键的能量同一数量级),所以链引发是最困难的阶段。

(2)链传递。这是链反应的主体,为自由原子或自由基与分子相互作用的交替过程,随着一个自由基的消失会产生一个或几个新自由基,若不受阻,这种交替反应会一直自动进行下去,直至反应物被耗尽。由于自由基很活泼,有较强的反应能力,所以链传递反应的活化能较小,一般小于 $40kJ \cdot mol^{-1}$。

(3)链终止。此步反应中因自由基被消除而使链终止。链终止方式有自由基彼此结合成稳定分子,或自由基与惰性物质或反应器壁碰撞而消除,此步反应的活化能较小,有时为零。

链反应是 1913 年博登斯坦(M. Bodenstein)在研究 H_2 和 Cl_2 生成 HCl 的光化反应时发现的。H_2 和 Cl_2 在黑暗中反应很慢,在日光照射下能非常快地生成 HCl。其链反应(机理)为

链引发:① $Cl_2 \rightarrow 2Cl \cdot$

链传递:② $Cl \cdot + H_2 \rightarrow HCl + H \cdot$,③ $H \cdot + Cl_2 \rightarrow HCl + Cl \cdot$

链终止:④ $2Cl \cdot \rightarrow Cl_2$。根据反应中链的持续方式不同,可分为直链反应和支链反应。当一个自由基或原子参加反应后,可以产生两个或两个以上新的自由基或原子的反应称为支链反应。在支链反应中,自由基迅速增加,反应速率也急剧加快,最后可以达到爆炸的程度。常见的爆炸,大量的是支链反应所致的链

爆炸。为控制支链反应以合适速率进行,除控制温度、压力外,主要应控制好反应物的组成。

一些可燃气体如 H_2,NH_3,CO,CH_4,C_2H_2 等在空气中的氧化反应,均为支链反应,它们都存在着一定的爆炸范围,见表1-3。例如,当空气中含有 H_2 的体积分数在4%~74%时,点火或遇明火都可能发生爆作。在生产和使用此类气体及城市煤气、液化石油气等时要注意安全,严格控制可能引起爆炸的各种诱发因素。

表1-3 某些可燃气体在空气中的爆炸范围

可燃气体	在空气中的爆炸界限/% (体积分数)		可燃气体	在空气中的爆炸界限/% (体积分数)	
	低限	高限		低限	高限
H_2	4	74	C_2H_2	3.2	12.5
NH_3	16	27	C_3H_8	2.4	9.5
CS_2	1.25	44	C_6H_6	2.5	80
CO	12.5	74	CH_3OH	1.4	6.7
CH_4	5.3	14	C_2H_5OH	7.3	36
C_2H_2	3.2	12.5	$(C_2H_5)_2O$	4.3	19
C_2H_4	3.0	29	$CH_3COOC_2H_5$	1.9	48

2. 光化反应

在光的作用下发生的化学反应称为光化反应或光化学反应。光化反应是自然界最基本的反应,对地球上的生命活动有重要意义。例如,植物的光合作用,胶片的感光作用(如 $AgBr \xrightarrow{h\nu} Ag + \frac{1}{2}Br_2$),大气中光化学烟雾的形成,塑料制品在环境中的光降解等都是光化反应。相对于光化反应,以前学过的反应称为热反应,两者相比,光化反应有如下特点:

1)速率主要决定于光的强度而受温度影响小

热反应的活化能来源于分子的碰撞,而这种碰撞来源于热运动,主要在基态进行,受温度的影响较大;光化反应的活化能来源于光活化,即分子吸收了光子后变为激发态,在此高能激发态下,反应更易于发生,速率主要取决于光的强度,而受温度的影响很小。温度每升高10℃,光化反应的速率只增加0.1~1倍。

2)光能使某些吉布斯函数增加的过程得以实现

热反应只能进行吉布斯函数减小的自发反应,而光辐射就是给系统做非体积功,所以也能使某些吉布斯函数增加的反应自发进行。最典型的例子是光合作用:

$$6CO_2 + 6H_2O \xrightarrow{h\nu \text{、叶绿素}} C_6H_{12}O_6 + 6O_2$$

在日光的照射下,绿色植物中的叶绿素将 CO_2 和 H_2O 化合成糖类和氧气,从而使 $\Delta_r G_m^\ominus = 2245 kJ \cdot mol^{-1}$ 的上述反应得以发生。CO_2 和 H_2O 不能吸收波长 $400\sim 700nm$ 的太阳光,而叶绿素能够吸收,所以叶绿素起光合作用催化剂(也叫光敏剂)的作用。

3)光化反应比热反应更具有选择性

利用单色光(如激光)可以激发混合系统中某特定的组分发生反应(如红外激光反应能把供给反应系统的能量集中消耗在选定要活化的化学键上,称为选键化学),从而达到根据人们的意愿,设计指定的化学反应。如有机化学中可选择适当频率的红外激光使反应物分子中特定的化学键或官能团活化,使化学反应按照人们的需要定向进行,即实现"分子裁剪"。20世纪60年代出现的激光技术,使光化学获得了崭新的武器,近几十年来光化反应迅速发展。激光与化学反应有关的特性主要有两个:高单色性(如氦氖激光器产生的激光谱线宽度小于 $10^{-17}m$);高强度(即高脉冲功率,如红宝石巨脉冲激光器)。另外,还有高方向性等。

1.4 电化学

1.4.1 氧化还原反应和原电池

腐蚀是自然界存在的氧化还原反应,反应过程也伴随着能量的变化。金属腐蚀是指金属在环境介质的作用下发生化学或电化学反应引起的破坏。

1. 氧化还原反应的能量变化

在一个带有温度计的密封容器中依次加入一定量的 $CuSO_4$ 溶液和 Zn 粒,可以观察到温度计的水银柱显著上升,这表明 $CuSO_4$ 和 Zn 反应放出热量。其热量大小可以通过热力学常数进行计算得到:

$$Cu^{2+} + Zn = Cu\downarrow + Zn^{2+}, \Delta_r H_m^\ominus (298.15K) = -217.2 kJ \cdot mol^{-1}$$

即 1mol 的 Cu^{2+} 和 1mol 的 Zn 反应生成 1mol 的 Cu 和 1mol 的 Zn^{2+},放出 217.2kJ 的热量。同样,通过热力学常数可以进一步计算出反应系统的 $\Delta_r G_m^\ominus(298.15K)$:

$$\Delta_r G_m^\ominus (298.15K) = \Delta_r H_m^\ominus (298.15K) - T\Delta_r S_m^\ominus (298.15K) = -212.69 kJ \cdot mol^{-1}$$

若将该反应装配成原电池,通过实验测得其电动势 E 值为 1.103V。这个典型的氧化还原反应所装配的电动势 E 和其热力学 ΔG 之间有怎样关系呢? 首先,根据热力学推导,ΔG 表示反应系统势能的变化量,是系统用来作非体积功的那部分能量,即 $\Delta G = W_{\text{非}}$。而测得原电池电动势为 E,设原电池中从负极移到正极的电子电荷总量为 q,则原电池所作的电功 $W_e = -qE$。1mol 电子所带的电量为 1 法拉第(F),($F = 96500 \text{C} \cdot \text{mol}^{-1}$,$F$ 称法拉第常数),有 nF 电量通过,因此有

$$W_e = -nFE \quad (1-42)$$

根据热力学原理,在等温、等压条件下,系统吉布斯函数变 ΔG 等于原电池可能作的最大电功(qE),即

$$\Delta G = W_e = -qE = -nFE \quad (1-43\text{a})$$

式中:W_e 为负值,表示电池作出电功,也就是对系统来说是放出能量,而对环境来说是获得能量。

当反应或原电地处于标准状态,即有关离子浓度为 $1\text{mol} \cdot \text{L}^{-1}$,气体压强为 100kPa 时,$\Delta G$ 就成为标准摩尔吉布斯函数变 $\Delta_r G_m^{\ominus}$,而原电池电动势 E 就是标准电动势 $E^{\ominus}$。这时,上式可改写成:

$$\Delta_r G_m^{\ominus} = -nFE^{\ominus} \quad (1-43\text{b})$$

当反应达到平衡时,即原电池没有电流通过时,$E=0$,$\Delta G=0$,有

$$\lg K^{\ominus} = -\frac{\Delta_r G_m^{\ominus}}{2.303RT} = \frac{-nFE^{\ominus}}{2.303RT} \quad (1-44)$$

其中,$E^{\ominus}$、$K^{\ominus}$ 和 $\Delta_r G_m^{\ominus}$ 都与温度 T 有关。如果温度是 298.15K,则

$$\lg K^{\ominus} = \frac{-nE^{\ominus}}{0.05917} \quad (1-45)$$

原则上任何氧化还原反应都可装配成原电池。其吉布斯函数变和电动势的关系可用前述式表示。这就是热力学和电化学之间相互联系的基本公式,据此,可以从原电池的电动势计算某氧化还原反应的吉布斯函数变或从热力学的数据计算某原电池的电动势。

2. 原电池

原电池是将氧化还原反应的化学能转变为电能的装置。原电池一般由两个电极、电解质溶液和盐桥组成。原电池中电子流出的一极,如 Zn 极,叫负极;电子流入的一极,如 Cu 极,叫正极。在负极上发生失电子的氧化反应,在正极上发生得电子的还原反应。正极或负极及其电解质溶液构成了半电池,电极反应有时又称为半电池反应,简称半反应。每个电极反应(半反应)都包括同一元素的两类物质:氧化剂的氧化态物质、还原剂的还原态物质。氧化态物质和相应的还

原态物质构成氧化还原电对。

铜-锌原电池示意图如图1-7所示,电解质溶液兼作反应物质的来源、生成物质的去处和传导离子的介质;传导离子有时还可借助于盐桥。盐桥是在倒插的U形管内,用琼脂溶胶或多孔塞保护,内含KCl或KNO_3溶液,不会自动流出。当原电池工作时,盐桥中的正离子可移向发生还原反应的半电池,负离子可移向发生氧反应的半电池,从而保持半电池溶液的电中性并沟通了原电池的内电路,使电池反应得以进行,电流不断产生。

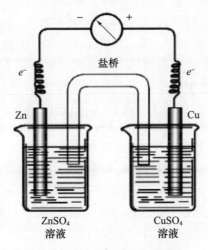

图1-7 铜-锌原电池示意图

原电池的电极名称和电极反应如下:

负极　　　　　Zn(还原剂)$-2e^-=Zn^{2+}$(aq)

正极　　　　　Cu^{2+}(aq)(氧化剂)$+2e^-=Cu$

电池反应　　　Zn$+Cu^{2+}$(aq)$=Zn^{2+}$(aq)$+$Cu

为书写方便,常用化学式和符号来表示原电池的装置,上述铜锌原电池的符号为

$$(-)Zn|ZnSO_4(c_1)\|CuSO_4(c_2)|Cu(+) \qquad (1-46)$$

其中"∥"代表盐桥,盐桥是连接两个烧杯中的盐溶液的,因此盐桥两边一定是两种溶液;烧杯中分别插入锌片和铜片,它们都是固体,与溶液之间都有一个界面,用"|"表示。需注意习惯上将负极写在左边,正极写在右边。

当电极反应中的氧化态和还原态物质都是可溶性盐时,如$Fe^{3+}+e^-=Fe^{2+}$,它们存在于同一溶液中,需要另外的导电体作为电极材料(如Pt)。若以Zn^{2+}/Zn电极和Fe^{3+}/Fe^{2+}电极组成原电池时,其表达式为

$$(-)Zn|Zn^{2+}(c_1) \| Fe^{3+}(c_2), Fe^{2+}(c_3)|Pt(+) \qquad (1-47)$$

1.4.2 电极电势

1. 基本概念

原电池能够产生电流,说明原电池的两极之间有电势差存在,即每一个电极都有一个电势,称为电极电势,用符号 $\varphi^{\ominus}$ 表示。

电极能产生电势的原因可以用双电层理论解释:当金属浸于它的盐溶液中,一方面金属表面上的正离子受水分子中羟基($-OH$)的吸引有进入溶液的倾向,而将电子留在金属的表面,金属越活泼或溶液中金属离子的浓度越小,这种倾向就越大。另一方面,溶液中的金属离子有从溶液中沉积到金属表面上去的倾向,金属越不活泼或溶液中金属离子浓度越大,这种倾向越大。当这两种方向相反的过程进行的速率相等时,达到动态平衡:

$$M(s) + H_2O(l) = M^{n+}(aq) + ne^- \qquad (1-48)$$

若金属的溶解倾向大于沉积倾向,则金属带负电而溶液带正电。相反,金属带正电而溶液带负电。由于静电吸引的作用,溶液中带正电(或负电)的离子聚集在与金属相接触的表面层,而电子(或沉积的正离子)则滞留在与水接触的金属表面上。这样,就在溶液和金属的相界面间产生了"双电层",两层间正、负电势差就是电极电势。

电极电势值的大小反映了氧化还原电对中的物质,在水溶液氧化态得电子或还原态失电子的能力大小。

2. 电极电势与能斯特方程

1)标准氢电极

为衡量电极电势的大小,国际上统一确定标准氢电极作为比较的标准,并规定标准氢电极的电极电势为零,以 $\varphi^{\ominus}(H^+/H_2) = 0.0000V$ 表示,标准氢电极的组成为

$$Pt \mid H_2(101.325kPa) \mid H^+(1.00mol \cdot dm^{-3})$$

标准氢电极结构图如图 1-8 所示。

2)其他电极的标准电极电势

其他电极与标准氢电极组成原电池,根据电池的电动势和标准氢电极的电极电势来判断其电极电势大小,当给定电极中离子浓度等于 $1.00mol \cdot dm^{-3}$(气体分压为 $101.325kPa$)时的电极电势为该电极的标准电极电势。

(1)若标准氢电极与给定电极组成原电池,其电动势在数值上等于给定电

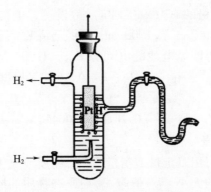

图 1-8 标准氢电极结构图

极的电极电势。

(2)电极电势的正负号判断:给定电极作为原电池正极(标准氢电极为负极)时,给定电极的电极电势为正值;给定电极作为原电池负极(标准氢电极为正极)时,给定电极的电极电势为负值。

(3)当给定电极中离子浓度等于 $1.00 \text{mol} \cdot \text{dm}^{-3}$(气体分压为 101.325kPa)时的电极电势为该电极的标准电极电势。

(4)实验室测定电极电势的方法。虽然以标准氢电极作为电极电势大小相对比较的依据,但是标准氢电极的使用条件苛刻,操作麻烦。因此实验室常采用已知电极电势的甘汞电极(或氯化银电极)作为参比电极,与给定电极组成原电池,用电位差计测量其电动势,从而计算给定电极的电极电势。甘汞电极结构图如图 1-9 所示。

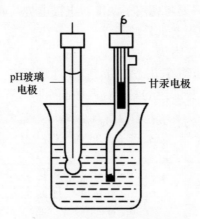

图 1-9 甘汞电极结构图

例如,欲测定锌电极的 $\varphi^{\ominus}(Zn^{2+}/Zn)$,可设计锌电极与饱和甘汞电极组成下列原电池:$(-)Zn \mid ZnSO_4(1.00mol \cdot dm^{-3}) \parallel KCl(饱和) \mid Hg_2Cl_2(s) \mid Hg(+)$,通过实验测得该原电池的电动势 $E_{MF} = 1.0043V$。已知此条件下饱和甘汞电极的电极电势 $\varphi^{\ominus}(Hg_2Cl_2/Hg) = +0.2415V$,根据 $E = \varphi(+) - \varphi(-)$,可求得

$$\varphi^{\ominus}(Zn^{2+}/Zn) = (+0.2415 - 1.0043)V = -0.7628V$$

3. 标准电极电势表

标准电极电势表可用以定量地衡量还原态物质或氧化态物质在水溶液中的还原能力或氧化能力的大小。$\varphi^{\ominus}$ 值越小,还原态物质的还原能力越强;$\varphi^{\ominus}$ 值越大,氧化态物质的氧化能力越强。在查阅和使用电极电势表时,必须注意以下两点:

(1)电极电势的符号:1953 年国际纯粹与应用化学联合会规定,无论电极反应写成氧化反应的形式还是还原反应的形式,电极电势的符号不变。如:

$Zn^{2+}(aq) + 2e^- = Zn(s)$(还原反应),$\varphi^{\ominus}(Zn^{2+}/Zn) = -0.7628V$;
$Zn(s) - 2e^- = Zn^{2+}(aq)$(氧化反应),$\varphi^{\ominus}(Zn^{2+}/Zn) = -0.7628V$;
$Cu^{2+}(aq) + 2e^- = Cu(s)$(还原反应),$\varphi^{\ominus}(Cu^{2+}/Cu) = +0.34V$;
$Cu(s) - 2e^- = Cu^{2+}(aq)$(氧化反应),$\varphi^{\ominus}(Cu^{2+}/Cu) = +0.34V$。

(2)在查阅电极电势表时,要仔细核对电对的氧化态和还原态。

4. 能斯特方程

用标准电极电势计算所得的原电池的电动势,称为标准电动势($\varphi^{\ominus}$)。实际上,原电池在产生电流的同时,两极上均发生氧化还原反应,有关离子的浓度会相应发生变化。因此,需要考虑离子浓度对电极电势及原电池电动势的影响。

1)离子浓度对电极电势的影响

电极反应的通式常简写为

$$aA(氧化态) + ne^- = bA(还原态) \tag{1-49}$$

离子浓度对电极电势的影响的计算式即能斯特方程可以表达为

$$\varphi = \varphi^{\ominus} + \frac{0.05917}{n}\lg\frac{[c(氧化态)/c^{\ominus}]^a}{[c(还原态)/c^{\ominus}]^b} \tag{1-50}$$

也可简写为

$$\varphi = \varphi^{\ominus} + \frac{0.05917}{n}\lg\frac{[c(氧化态)]^a}{[c(还原态)]^b} \tag{1-51}$$

使用时应注意:

(1)电极反应式中氧化态、还原态物质浓度以对应的化学计量数为指数。
(2)固体或纯液体(如液态溴、水),则不列入方程式;若是气体则用分压表

示,单位为 Pa,代入公式计算时应将其数值除以标准压强 $p^{\ominus}$(1.01325 ×10⁵Pa)。

(3)若电极反应中,有介质 H^+ 或 OH^- 参与反应,则这些离子的浓度及反应式中的化学计量数也应该根据反应式写在能斯特方程式中。

例 1.12 试计算 $c(Cu^{2+}) = 0.00100 mol \cdot dm^{-3}$ 时,电对 Cu^{2+}/Cu 的电极电势和 $c(I^-) = 0.100 mol \cdot m^{-3}$ 时电对 I_2/I^- 的电极电势。

解:先写出电极的半反应式,查出标准电极电势,然后根据能斯特方程进行计算。

Cu^{2+}/Cu 电极的半反应式为

$$Cu^{2+}(aq) + 2e^- = Cu(s), \varphi^{\ominus}(Cu^{2+}/Cu) = +0.34V$$

根据能斯特方程,可得

$$\varphi(Cu^{2+}/Cu) = \varphi^{\ominus}(Cu^{2+}/Cu) + \frac{0.05917}{2}\lg c(Cu^{2+})/c^{\ominus}$$

$$= +0.34 + \frac{0.05917}{n}\lg 0.00100 V = +0.25$$

I_2/I^- 电极的半反应式为

$$I_2(s) + 2e^- = 2I^-(aq), \varphi^{\ominus}(I_2/I^-) = +0.535V$$

$$\varphi(I_2/I^-) = \varphi^{\ominus}(I_2/I^-) - \frac{0.05917}{2}\lg[c(I^-)/c^{\ominus}]^2$$

$$= +0.535 - \frac{0.05917}{2}\lg 0.100 V = +0.594 V$$

注意:Cu^{2+}/Cu 电对中氧化态是正离子,I_2/I^- 的电对中氧化态是 I_2 分子。

介质对高锰酸钾电极电势的影响不仅表现在不同酸碱性介质中的电极电势值有所不同,而且电极反应的产物也不同。

2)浓度对电极电势及原电池电动势的影响

对于电池反应

$$aA + bB = yY + zZ$$

离子浓度对原电池电动势的影响可用能斯特方程来表示:

$$E = E^{\ominus} + \frac{0.05917}{n}\lg\frac{[c(Y)/c^{\ominus}]^y[c(Z)/c^{\ominus}]^z}{[c(A)/c^{\ominus}]^a[c(B)/c^{\ominus}]^b} \quad (1-52)$$

也可简写为

$$E = E^{\ominus} + \frac{0.05917}{n}\lg\frac{[c(Y)]^y[c(Z)]^z}{[c(A)]^a[c(B)]^b} \quad (1-53)$$

式中:E 为反应物 A、B 和生成物 G、D 处于任意浓度时原电池的电动势;n 为反应中电子得失的计量系数。

当各种离子浓度均为 $1.000 mol \cdot dm^{-3}$ 时,也就是原电池处于标准状态时的电动势即为标准电动势。

例1.13 实验测得某铜铁原电池的电动势为 0.730V,并已知其中 $c(Cu^{2+})=0.0200\text{mol}\cdot\text{dm}^{-3}$,问该原电池中 Fe^{2+} 的浓度为多少?

解:首先写出铜铁原电池的反应式,找出 n,在查阅标准电极电势表,经计算求得 $\varphi^{\ominus}$,然后根据例题的已知条件求算 Fe^{2+} 的浓度。

铜铁原电池反应式为

$$Cu^{2+}(aq) + Fe(s) = Cu(s) + Fe^{2+}(aq), n=2$$

由此可知铁电极为负极。该原电池的标准电动势为

$$E^{\ominus} = \varphi^{\ominus}(Cu^{2+}/Cu) - \varphi^{\ominus}(Fe^{2+}/Fe) = (+0.34V) - (-0.440V) = +0.780V$$

代入能斯特方程式,可得

$$E = E^{\ominus} + \frac{0.05917}{n}\lg\frac{[c(Y)]^y[c(Z)]^z}{[c(A)]^a[c(B)]^b}$$

$$0.730 = 0.780 - \frac{0.05917}{2}\lg[c(Fe^{2+})/c(Cu^{2+})]^2$$

$$c(Fe^{2+})(aq) = 0.978\text{mol}\cdot\text{dm}^{-1}$$

5. 电极电势的应用

1)比较氧化剂与还原剂的相对强弱

在标准电极电势表中的电极反应通式可表示为

$$aA(氧化态) + ne^- = bA(还原态)$$

反应式左边是某一电对的氧化态,可用做氧化剂。随着电极电势代数值的增大,氧化态物质的氧化性越强(以 F_2 为最强),它的还原态物质的还原性越弱(以 F^- 为最弱);相反,电极电势代数值越小,则还原态物质的还原性越强(以 Li 为最强),它的氧化态物质的氧化性越弱(以 $Li^+(aq)$ 为最弱)。在应用标准电极电势判别氧化剂和还原剂的相对强弱时,必须注意前提条件是标准态,若不是,原则上要根据能斯特方程式进行计算后才能进行比较。

2)判断氧化还原反应进行的方向

当某一氧化还原反应的吉布斯函数变 $\Delta G < 0$ 时,该氧化还原反应能自发进行。由于 $\Delta G = -nFE$ 及 $E = \varphi(+) - \varphi(-)$,所以当 $E > 0$,即 $\varphi(+) > \varphi(-)$ 时,反应能自发进行。

3)衡量氧化还原反应进行的程度

化学反应进行的程度一般用平衡常数的大小来衡量。对于氧化还原反应来说,它可以组成原电池,因此其平衡常数与原电池的电动势有关,在 298.15K 时的计算公式为

$$\lg K^{\ominus} = \frac{-nE^{\ominus}}{0.05917} \tag{1-54}$$

例1.14 试通过计算说明下列氧化还原反应进行的程度。

$$Sn^{2+}(aq) + 2Fe^{3+}(aq) = Sn^{4+}(aq) + 2Fe^{2+}(aq), n=2$$

解:查标准电极电势表得

$$\varphi^{\ominus}(Fe^{3+}/Fe^{2+}) = 0.77V, \varphi^{\ominus}(Sn^{4+}/Sn^{2+}) = +0.15V$$

由此可知,该原电池由正极 Fe^{3+}/Fe^{2+} 电对和负极 Sn^{4+}/Sn^{2+} 电对组成。其标准电动势 $E^{\ominus}$ 为

$$E^{\ominus} = \varphi^{\ominus}(+) - \varphi^{\ominus}(-) = (0.77 - 0.15)V = 0.62V$$

由此可得

$$\lg K^{\ominus} = nE^{\ominus}/0.05917 = 2 \times 0.62/0.05917 = 21.0$$
$$K^{\ominus} = 1.0 \times 10^{21}$$

可见上述反应能进行得很彻底。

4) 计算原电池的电动势

由电极电势计算电动势可用 $E^{\ominus} = \varphi^{\ominus}(+) - \varphi^{\ominus}(-)$,其中 $\varphi(+)$ 必须大于 $\varphi(-)$,E 值必须是正的,否则就是原电池正负极装反了。

电极电势的应用除以上四个方面外,还可根据电极电势的大小判断腐蚀电池哪些金属可变成阳极被腐蚀、阴极产物是什么,以及判断电解产物析出的先后次序等。

1.4.3 金属腐蚀

1. 金属腐蚀的发生

根据金属腐蚀发生机理不同,可将其分为化学腐蚀和电化学腐蚀两类。

1) 化学腐蚀

单纯由化学作用而引起的腐蚀称为化学腐蚀。化学腐蚀是金属与周围介质直接发生氧化还原反应而引起的破坏。它发生在非电解质溶液中或干燥的气体中,在腐蚀过程中不产生电流。例如电气绝缘油、润滑油、液压油以及干燥空气中的 O_2、H_2S、SO_2、Cl_2 等物质与电气、机械设备中的金属接触时,在金属表面生成相应的氧化物、硫化物、氯化物等,都属化学腐蚀。温度对化学腐蚀的速率影响很大。例如高温水蒸气对锅炉的腐蚀特别严重,将会发生下述反应:

$$Fe + H_2O \Longleftrightarrow FeO + H_2$$
$$2Fe + 3H_2O(g) \Longleftrightarrow Fe_2O_3 + 3H_2$$

$$3Fe + 4H_2O(g) \rightleftharpoons Fe_3O_4 + 4H_2$$

反应生成一层氧化皮(由 FeO、Fe_2O_3、Fe_3O_4 组成)的同时,还会发生钢铁脱碳现象。这是由于钢铁中的渗碳体(Fe_3C)与高温水蒸气反应的结果:

$$Fe_3C + H_2O \rightleftharpoons 3FeO + CO + H_2$$

这些反应都是可逆反应。在高温下由热力学数据计算得出正反应的 ΔG 值远小于零,即平衡强烈地偏向右边。根据速率常数随温度升高而增大可知,锈蚀速率在高温下是很大的。因此,无论从平衡移动还是从反应速率来看,水蒸气在高温下对钢铁材料的腐蚀是不容忽视的。

在渗碳体与水蒸气的反应中,碳从邻近的、尚未反应的金属内部逐渐扩散到反应区,于是金属层中的碳逐渐减少,形成脱碳层。由脱碳反应及其他氧化还原反应生成的氢因扩散渗入钢铁内部,使钢铁产生脆性,称氢脆。钢的脱碳和氢脆会造成钢的表面硬度和内部强度的降低,这是非常有害的。

2)电化学腐蚀

由于电化学作用引起的腐蚀,也就是由于形成腐蚀电池发生氧化还原反应而引起的腐蚀称为电化学腐蚀。表1-4中列出几种电化学腐蚀的类型、介质条件、原理和结果。

表1-4 几种电化学腐蚀的比较

吸氧腐蚀	条件:钢铁在大气条件下,主要是吸氧腐蚀(包括在 $0.5mol \cdot dm^{-3}$ 的强酸性水膜中)。 原理:大气中钢铁表面的水膜中由于空气的不断溶解而使氧气分压(或浓度)增加使 $\varphi(O_2/OH^-) > \varphi(H^+/H_2)$,所形成的腐蚀电池的阴极反应为氧气的还原: $$O_2(g) + 2H_2O(l) + 4e^- = 4OH^-(aq)$$ 结果:铁作为腐蚀电池的阳极而被氧化腐蚀。$2Fe = 2Fe^{2+}(aq) + 4e^-$($Fe^{2+}$ 与 OH^- 作用生成 $Fe(OH)_2$,进一步被 O_2 所氧化形成 $Fe(OH)_3$ 或 $Fe_2O_3 \cdot xH_2O$)
析氢腐蚀	条件:钢铁在酸性较大的环境中及氧气浓度较小的环境中(例如将钢铁浸没于 $0.5mol \cdot dm^{-3}$ H_2SO_4 溶液中) 原理:钢铁在酸性较大的介质及溶解氧较少的情况下 $\varphi(O_2/OH^-) < \varphi(H^+/H_2)$ 所形成的腐蚀电池的阴极反应为 H^+ 被还原而析出 H_2: $$2H^+(aq) + 2e^- = H_2(g)$$ 结果:铁作为腐蚀电池的阳极而被氧化腐蚀:$2Fe - 4e^- = 2Fe^{2+}(aq)$

电化学腐蚀,从机理上看可分为析氢腐蚀和吸氧腐蚀。

(1)析氢腐蚀。在酸洗或用酸浸蚀某种较活泼金属的工艺过程中常发生析氢腐蚀。特别是当钢铁制件暴露于潮湿空气中时,由于表面的吸附作用,就使钢铁表面覆盖了一层极薄的水膜。此时铁(相对活泼的金属)作为腐蚀电池的阳极发生失电子的氧化反应;氧化皮、碳或其他比铁不活泼的杂质作阴极。H^+ 在这里接受电子发生得电子的还原反应：

$$阳极(Fe): Fe - 2e^- = Fe^{2+}$$
$$阴极(杂质): 2H^+ + 2e^- = H_2$$
$$总反应: Fe + 2H^+ = Fe^{2+} + H_2$$

这种腐蚀过程中有氢气析出，所以称为析氢腐蚀。

(2) 吸氧腐蚀。当金属发生吸氧腐蚀时，阳极仍是金属(如 Fe)失电子被氧化成金属离子(如 Fe^{2+})，但阴极杂质就成为氧电极了。在阴极，主要是溶于水膜中的氧得电子，反应式如下：

$$阳极(Fe): 2Fe - 4e^- = 2Fe^{2+}$$
$$阴极(杂质): O_2 + 2H_2O + 4e^- = 4OH^-$$
$$总反应: 2Fe + O_2 + 2H_2O = 2Fe(OH)_2$$

这种在中性或弱酸性介质中发生"吸收"氧气的电化学腐蚀称为吸氧腐蚀。实际观察腐蚀电池的电动势，当有电流通过时要比按理论计算得低。其原因是当电流通过时，阴极的电极电势要降低，阳极的电极电势要升高。这种因为有电流通过电极而使电极电势偏离原来的平衡电极电势值的现象，称为电极的极化，这时的电极电势称极化电势。没有静电流(也可理解为有无限缓慢微电流)通过时的电极电势称为平衡电势。电极极化可分为阳极极化和阴极极化，产生极化的原因，主要有下述三种：

① 浓差极化。浓差极化是由于离子扩散速率比离子在电极上的放电速率慢所引起的。电流产生后，电极附近的离子浓度与溶液中其他部分不同。在阴极是氧化态物质(正离子)得电子，当离子浓度减小时，根据能斯特方程式可知，其电极电势代数值将减小；在阳极是还原态物质(金属)失电子，当离子浓度增加时，其电极电势代数值增大。

② 电化学极化。电化学极化是电化学反应，如离子的放电、原子结合为分子、水化离子脱水等的速率比电流速率慢所引起的。电流通过电极时，若电极反应进行得较慢，就会改变电极上的带电程度，使电极电势偏离平衡电势。如在阴极，当氧化态物质得电子反应不够快时，则在电极上的电子过剩，即比平衡时的电极带更多的负电荷，从而使阴极电势比其平衡电势低；同样，若在阳极，当还原态物质的氧化反应(失电子)进行得较慢时，则电极的正电荷过剩，从而使阳极电势比其平衡电势为高。

③ 电阻极化。电阻极化是由于当电流通过电极时，在电极表面上形成氧化膜或一些其他物质引起的。由于这些物质具有一定的电阻，在阳极上阻碍还原态物质(如 OH^-, H_2 等)的到达或氧化态物质(如 Fe^{2+}, O_2, H^+)的离去，使其电

极电势升高;在阴极上,阻碍氧化态物质(如 Fe^{2+}, O_2, H^+)的到达或还原态物质(如 OH^-, H_2 等)的离去,使其电极电势降低。

无论哪种极化原因,极化结果都使阴极电势值减小,阳极电势值增大,最终使腐蚀电池的电动势减小。总之,极化作用的结果是使腐蚀速率变慢,甚至有时会使腐蚀过程完全停止。大多数金属的电极电势比 $\varphi^{\ominus}(O_2/OH^-)$ 多,所以大多数金属都可能产生吸氧腐蚀,析出 OH^-。甚至在酸性较强的溶液中,金属发生析氢腐蚀的同时,也有吸氧腐蚀产生,其速率取决于温度、水膜的厚度等因素。

差异充气腐蚀是由于氧浓度不同而造成的腐蚀,是金属吸氧腐蚀的一种形式,是因金属表面氧气分布不均匀而引起的,也称浓差腐蚀。例如,钢管或铁管埋在地下,地土质有砂土、黏土之分和压实、不压实的区别,地上部分或没有压结实黏土的含气就比较充足,即氧气的分压或浓度要大一些,氧的电极反应式为

$$O_2 + 2H_2O + 4e^- = 4OH^-$$

氧气分压 $p(O_2)$ 大小不同,组成了一个氧的浓差电池。结果使 $p(O_2)$ 小或 $c(O_2)$ 小的地方即压实或黏土部分的金属成为阳极,发生失电子反应,先被腐蚀。差异充气腐蚀(浓差腐蚀)对工程材料的影响必须予以足够重视,工件上的一条裂缝,一个微小的孔隙,往往因差异充气腐蚀而毁坏整个工件,造成事故。

2. 金属的腐蚀速率

对不同金属来说,在相同的环境条件下,金属越活泼,电极电势越小,越易被腐蚀;反之,金属越不活泼,电极电势越大,越不易被腐蚀。就同种金属而言,腐蚀速率主要受环境介质的影响,影响因素大致有湿度、温度、空气中的污染物质及其他因素。

1)大气相对湿度对腐蚀速率的影响

常温下,金属在大气中的腐蚀主要是吸氧腐蚀。吸氧腐蚀速率主要取决于构成电解质溶液的水分。在某一相对湿度(称临界相对湿度)以下,金属即使长期暴露于大气中,也几乎完全不生锈。但如果超过某一相对湿度时,金属表面很快就会吸附水蒸气形成水膜而腐蚀。临界相对湿度随金属的种类及表面状态不同而不同。一般地说,钢铁生锈的临界相对湿度大约为 75%。

金属表面上的水膜厚度对金属腐蚀速率的影响很大。金属在水膜极薄(小于 $10\mu m$)的情况下腐蚀几乎不能发生,即使发生反应速率也极小,因为这种情况下不能形成足够的电解质溶液供金属溶解和离子迁移运动;而水膜在 $10 \sim 10^6$ μm 时的腐蚀速率最大,因为这种情况相当于空气相对湿度较大时形成的水膜,此时,氧分子容易地透过水膜到达金属表面,氧的阴极电势增大,易得电子,阳极(金属)失电子也快,因此腐蚀速率很快;如果水膜过厚(超过 $10^6\mu m$),氧分子通

过水膜到达金属表面的时间变得较长,使得阴极得电子变得迟缓,腐蚀速率也就会随之降低。如果金属表面有吸湿性物质(如灰尘、水溶性盐类等)污染,或其表面形状粗糙多孔时,则临界相对湿度就会大幅度下降。

2)环境温度的影响

温度的影响一般要和湿度条件综合起来考虑。环境温度及其变化影响着空气的相对湿度、金属表面水气的凝聚、凝聚水膜中腐蚀性气体和盐类的溶解,以及水膜的电阻和腐蚀电池中阴、阳极反应过程的快慢,从而影响金属的腐蚀。

3)空气中污染物质的影响

大气中的 SO_2、CO_2、Cl^- 和灰尘等污染物质,其中 SO_2、CO_2 等是酸性气体,溶于水膜后,增加了水膜的导电性,析氢腐蚀和吸氧腐蚀同时发生,从而加快了腐蚀速率。

4)其他因素的影响

金属制品在其生产过程中,可能带来很多腐蚀性因素。例如机械加工冷却液,不同的金属对它的 pH 值和氧化还原要求差别很大。Zn 或 Al 在一般的酸性和碱性溶液中都不稳定,因为它们都具有两性,其氧化物在酸、碱中均能溶解。Fe 和 Mg 由于其氢氧化物在碱中实际上不溶解,而在金属表面生成保护膜,因而使得它们在碱溶液中的腐蚀速率比在中性和酸性溶液中要小。Ni 和 Cd 在碱性溶液中较稳定,但在酸性溶液中易腐蚀。因此加工钢铁零件的冷却液,一般要呈弱碱性(pH = 8 ~ 9),但这种碱性冷却液用于 Zn 或 Al 等金属就不行了。

除上述因素外,环境中存在其他偶然因素影响金属腐蚀。总之,腐蚀速率是讨论腐蚀现象的一个十分重要的问题。

1.4.4 电化学腐蚀的利用

腐蚀破坏了金属材料,但事物总有两面性,利用电化学腐蚀还可进行金属保护和金属材料加工等。

1. 阳极氧化

阳极氧化是用电化学的方法使金属表面形成氧化膜以达到防腐耐蚀目的的一种工艺。一般适用于镁、铜、钛、铅等金属及合金。

2. 电解抛光

对于一些不能自发进行的氧化还原反应,可以通过外加电能的方法迫使反应进行,这种方法就是电解。电解池就是由电能转变为化学能的装置,电解池装置图如图 1 - 10 所示。

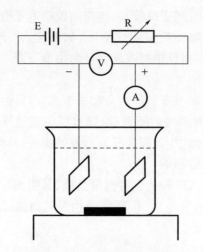

图 1-10 电解池装置图

电解抛光的原理是:在电解过程中,利用金属表面上凸出部分的溶解速率大于金属表面凹入部分的溶解速率这一特点,使金属表面达到平滑光亮的目的;平滑光亮的金属表面,既不易腐蚀又美观大方。

抛光液中,磷酸是应用最广的一种。因为磷酸能与金属或其氧化物反应,生成各种各样的盐,它们在过饱和溶液中都有较高的黏度和极化作用,而且没有结晶趋向,易形成黏性薄膜。由于磷酸本身是中强酸,对大多数金属不起强烈的腐蚀作用,又无臭、无毒,因而大多数情况下都采用磷酸作抛光电解液。

电解抛光具有机械抛光所没有的优点,但是也有缺点,如在工件表面产生点状腐蚀和非金属薄膜,这多为电解液配制不当所致。实际工作中,将电解抛光与机械抛光互相结合,以发挥各自优点,弥补各自的不足。

3. 化学铣削

化学铣削是利用腐蚀来进行金属加工的一种方法,因此又叫腐蚀加工。它是先用保护层将不需要腐蚀的地方保护起来,然后浸入腐蚀液中进行腐蚀,或不用保护层直接将需要腐蚀的地方浸入腐蚀液中进行腐蚀的一种方法。化学铣削通常包括清洁处理、涂防蚀层、刻划防蚀层图形、腐蚀加工和从已加工完毕的零件或半成品上把防蚀层去掉。

防蚀层是一种涂在化学铣削零件表面上的包覆层,用来限定和保护零件表面上不需要腐蚀的部分。防蚀层必须在工作条件下仍能牢固地黏着在零件表面上,而且还要有足够的内在强度,以保护腐蚀区域的边缘,并使加工出来的凹槽或凸台轮廓整齐清晰。但黏附力过大,也会造成剥离的困难。此外,还应考虑用做防蚀层的高分子化合物的柔顺性，使化学铣削时产生的气体很容易从凹槽内排出。目前常用以氯丁橡胶为基体的合成橡胶或异丁烯异戊间二烯共聚物作防蚀层。用于艺术品上的蚀刻和制造印刷图片的凹版，常用沥青、石蜡和松香做基体的防蚀层。

光刻工艺的防蚀层是感光胶防蚀层。把感光胶，比如重铬酸铵和明胶或聚乙烯酸等组成的重铬酸盐胶，涂布在需蚀刻的器件表面，把不需蚀刻部分进行短时间光照，胶层见光后，重铬酸铵的 $Cr_2O_7^{2-}$ 在光的作用下被还原剂（如聚乙烯醇或明胶）还原。

习 题

1. 写出下列化学反应方程式的半反应式。

(1) $2Al + 3Hg(NO_3)_2(aq) = 2Al(NO_3)_3(aq) + 3Hg(s)$

(2) $Zn + AuCl_3(aq) = ZnCl_2(aq) + AuCl$（AuCl 是难溶电解质）

(3) $Mg + NiCl_2(aq) = MgCl_2(aq) + Ni$

(4) $SnCl_2(aq) + 2FeCl_3(aq) = SnCl_4(aq) + 2FeCl_2(aq)$

2. 根据标准电极电势表，将物质 Cu、$FeCl_3$、$FeCl_2$、$SnCl_2$、Mg 按还原性强弱的相对大小进行排列，并写出它们的氧化产物。

3. 试通过计算确定下列反应在 25℃ 时进行的程度。

$$5Fe^{2+} + MnO_4^- + 8H^+ = 5Fe^{3+} + Mn^{2+} + 4H_2O$$

4. 有下列原电池

$(-)Zn|Zn^{2+}(1.0mol \cdot dm^{-3})\|H^+(x mol \cdot dm^{-3})|H_2(1.01325 \times 10^5 Pa)|Pt(+)$

测得其电动势 $E = 0.35V$，试计算氢电极 H^+ 的浓度。

5. 举例说明析氢腐蚀和吸氧腐蚀有什么不同？

6. 浓差腐蚀是吸氧腐蚀的一种，腐蚀部位往往发生在氧浓度大的地方还是小的地方，为什么？

7. 举例说明化学镀和电化学镀有什么区别？

第2章

火炸药和非致命武器军事用弹

本章从化学的角度以火炸药和军事用弹为例,简要介绍其化学理论基础、发展史、类别、制备方法、性能特点及发展趋势。

2.1 火炸药

2.1.1 火炸药概述

1. 概念

火炸药是含有氧化性和可燃性元素,经过特殊的封装工艺制成具有一定形状、尺寸和相对良好物理化学性能,在受到外界能量触发时,能够在没有助燃剂的作用下有规律燃烧,并瞬间释放大量热和高温气体,或生成高压燃烧产物,并伴随冲击波,产生推动力或破坏力的固体含能材料。尽管火药和炸药两者的含能特性基本相同,但是,由于热释放过程不同,两者的燃烧现象也不同。火炸药与普通的燃料有所区别,广泛应用于军事、航空航天及民用猎枪、礼炮、烟火、气象探测、人工降雨、爆破工程等方面。

2. 分类

火药和炸药的含能材料可分为两种:①在同一分子中含有氧化剂和燃料组分的含能物质;②由氧化剂和燃料组分物理混合构成的含能复合材料。按照火药的形态、结构、加工方法和基本燃烧特性可分为均质和异质两类。火药根据用途不同通常分为发射药和推进剂,发射药按基本组分可以分为单基、双基、三基、混合硝酸酯、叠氮硝酸酯和低易损耗性发射药,单基火药就是火棉。将火棉混合少量的稳定剂即可。优点是价格低廉,缺点是稳定剂都是易挥发的有机溶剂,容易变质,不能做大尺寸药体。

双基火药是火棉与爆炸性有机溶剂的混合物,一般用的是硝化甘油。由于硝化甘油爆炸时产生氧气,可以和火棉爆炸产生的 CO 继续作用,所以发射后气体毒性更小。调整两者的比例,可以适应不同武器对发射药的要求。缺点是爆炸温度高,减少枪炮的使用寿命。

三基火药是在双基火药的基础上加入不溶于有机溶剂的固体炸药制成的,如加入硝基胍、黑索金和奥克托金等。三基火药适合大口径榴弹炮、加农炮使用,其炮管烧蚀作用更低,但是价格相对昂贵。现在正在研制的还有液体发射药,可以用控制装填液体量的方法调节炮弹的发射距离。

火药分别用一个特定汉字或符号表示。复合固体推进剂的名称由推进剂类别、特征组分类别、定型序号和改型序号四部分组成。

3. 化学组成及性能指标

火炸药是具有特定的化学结构的含能材料,由燃料和氧化剂组合构成,燃料组分大多由氧、碳原子构成的碳氢结构,NO_2 是常见的氧化剂成分。在组分结构中,C、N 或 O 原子相连形成 C—NO_2、N—NO_2 和 O—NO_2 键。反应过程 N—N 或 O—O 键的断裂产生热并伴随反应产物 CO_2 或 N_2 的生成。均质火炸药的基本组分有硝化棉、硝酸酯类含能增塑剂等化合物,及少量附加物,如助燃剂、化学安定剂、钝感剂和燃烧性能调节剂等;异质火炸药组分为晶体氧化物和燃料黏合剂,结构不连续性、存在着相界面;异质火炸药又因所需的黏合剂不同而分为混合推进剂、复合推进剂和改性双基推进剂等。混合推进剂是由碳、硫和硝酸盐等低分子物质机械混合而成的黑火药;复合推进剂是高分子聚合物为黏合剂,加入大量的固体氧化物和其他物质经混合固化制得;改性双极推进剂以双基药料为黏合剂,加入高能炸药、高氯酸铵和铝粉或其他物质经过混合固化成型而成。

火炸药性能指标一般包含能量性能、燃烧性能、力学性能、安全性能、安定性能、烧蚀性能、工艺性能等。

含能材料的燃烧过程依赖于所用材料的物理化学特性,如燃料和氧化剂组分、二者的混合配比、氧化剂的粒径,加入的催化剂和改良剂,以及燃烧的压强和初温。为了获得高能火炸药,含能材料的组成受到了广泛研究。

2.1.2 火炸药燃烧热化学特征

一般利用火药燃烧产生的高温和小分子燃烧产物转化为推力,利用炸药燃烧产生高压燃烧产物和其伴随的冲击波而形成破坏力。

1. 枪炮推进的热化学过程

在非定容和非恒压的条件下燃烧的枪炮发射药,由于火炮身管中弹丸位移的变化,生成火药气体速度随时间和温度同时发生快速改变。虽然压强变化比较快,但火药的线性燃烧速度被假定为符合指数规律(维也里定律):

$$r = ap^n \tag{2-1}$$

式中:r 为燃烧速度($mm \cdot s^{-1}$);p 为压强(MPa);n 为压强指数(是与燃烧组分有关的常量);a 为一个与火药化学组分和火药初温有关的常数。

枪炮发射药在枪炮中产生非常高燃烧压强(>100MPa),远远高于固体推进剂的燃烧压强(<20MPa),但通常二者燃烧速度表达式相类似。火药的质量燃烧速度也依赖于火药燃面大小,燃面的变化取决于所使用火药药粒(柱)的形状和尺寸。枪炮发射药作用于弹丸底部产生压强作有效功。因此,火药燃烧的做功能力可通过火药力来估算,它和火箭推进剂最基本的差异是燃烧压强的大小,表达式为

$$f = pv = RT_g/M_g = p_0 v_0 T_g/T_0 \tag{2-2}$$

式中:p_0、v_0、T_0 分别为标准状态下单位质量的火药燃烧产生的压强、体积、温度;f 为火药力($MJ \cdot kg^{-1}$)。很明显,枪炮发射药的火药力越高越有利,这与估计火箭推进剂热力学性能的比冲 I_{sp} 相类似。

火药燃烧产生的热能部分会转变成为无效的能量。在枪炮身管中,这些能量的损失大致为:燃烧气体的显热42%,燃烧气体的动能3%,弹丸和枪炮身管的热损失20%,机械损失3%。其余的32%能量用于加速弹丸的运动。显然,损失的能量大部分是由枪炮身管的热散失造成的。根据热力学定律,在燃烧气体的温度降到环境温度之前,枪炮身管中的压强将不会下降,实际上这种热损失是不可避免的。

弹丸在内弹道内运动,依照内弹道学对于枪炮的内弹道来讲满足动量方程,动量大小与弹丸的质量、速度、距离、时间、压强、枪管的横截面积有关。当一个枪(炮)管的物理尺寸已知时,发射药的热力学效率被要求最大,以便在有限的时间内用给定的发射药质量在枪(炮)管内产生尽可能高的压强。

2. 破坏力的形成

1)压强和冲击波

火药在密闭燃烧器内燃烧时,产生大量的气体分子。这些分子产生的压强作用于燃烧器的内表面,火药不断地燃烧导致压强缓慢增大。当压强超过燃烧器壁的最大耐受压强时,在燃烧器壁上的最薄处发生机械破坏。作用于燃烧器壁的力由燃烧气体产生的静压引起。

炸药在密闭容器中爆轰时形成冲击波,冲击波向容器的内表面移动,并作用于容器内壁,该冲击波引发压力波的产生,但这个压力波并非由爆燃气体产生压强而形成。冲击波在容器内先通过空气传播,随后燃烧产生的气体跟踪而至。当冲击波达到容器壁的内表面时,如果容器壁的机械强度小于冲击波所产生的

机械力,则容器将被毁坏。相比于燃烧气体建立的静压而言,冲击波作用于内壁上的时间非常短,但其对内壁的冲击力将导致破坏性的损毁。当火药在燃烧器外燃烧时,不会产生任何压强,但炸药在燃烧器外部爆轰时,仍会有冲击波产生,且冲击波到达燃烧器外表面后会损毁燃烧器。

2) 冲击波在固体中的传播与反射

当冲击波在固体的燃烧室壁上从一面向另一面移动时,在冲击波的前沿产生一个压缩波。当冲击波到达另一面时,则形成反射波,该波沿着反方向传播。该反射波形成一个膨胀力作用于燃烧器壁。对于固体材料的破坏一般有两种模式,即韧性破裂和脆性破裂。这些模式与材料的类型和作用于材料上力的种类有关。由冲击波产生的机械力类似于由冲击应力产生的力。材料的断裂机理与机械力的作用密切相关。当冲击波在混凝土墙中从一端向另一端传播时,产生一个压缩应力,没有发现有任何损毁。当冲击波在墙的另一端被反射回来时,形成反射波,伴随着膨胀应力的产生。由于混凝土的压缩强度可以抵抗由冲击波产生的压缩应力,因此,冲击波本身未能导致任何的机械损毁。当混凝土墙遭受由膨胀波产生的拉伸应力作用时,膨胀力超过了墙的拉伸强度,导致了混凝土墙破坏。

3) 爆轰特性、爆速和压强

相对于气体的爆轰,高能固体材料构成炸药的爆轰过程包含凝聚相到液相和凝聚相到气相的转变,包含气相中的氧化剂和燃料的热分解及扩散过程。因此,根据炸药的物理化学性质(如氧化剂和燃料的化学结构及粒径)可确定爆轰过程的具体细节。爆轰过程不是热力学平衡过程,炸药爆轰波的反应区厚度太薄,无法确定其详细结构。因此,炸药的爆轰过程是通过气相爆轰现象的细节来表征的。密度和爆速是炸药两个重要的参数。描述凝聚相爆轰特性的基本方程与描述气相材料的基本相同。气体爆轰产生压强的数量级为10MPa,可用理想气体的状态方程估算爆轰特性。然而,由固体炸药爆轰产生压强的数量级为40GPa,由于爆轰产物分子间的相互作用,理想气体的状态方程不再适用。

2.1.3 黑火药

中古时期,欧、亚两洲曾有三个发明:一是公元673年"希腊火",它是由硫磺、松香、石油等组成,但不含硝石;二是阿拉伯国家的"石油机",它是由石油、沥青等组成,也不含硝石;三是中国的"黑火药",它是由硝石、硫磺、木炭三者组成。这是人类最早使用的火药,是黑火药,只有中国的"黑火药"得到发展闻名于世留传至今,所以堪称我国古代科技的四大发明之一,在世界化学史上占有重要地位。

1. 名词的来源

黑火药又名褐色火药,它是硝酸钾、硫磺、木炭三者的混合物。这种混合物为什么称"黑火"呢?第一,它主要有遇火而燃的性能,并且燃烧相当剧烈;第二,它的成分有硝石、硫磺,古代人们曾一度将硝石、硫磺作为重要药材。在汉代的《神农本草经》中,硝石曾被列为上品药的第六位,书上说它能治20多种病,硫磺也被列为中品药的第二位,也能治十几种病。由于三种组分混合后着火燃烧冒黑色烟,故称"黑火药"就在火药发明之后,也曾被引入药类,《本草纲目》中,说火药能治疮癣、杀虫、避湿气、瘟疫。更重要的原因是火药的发明来自制丹配药的实践中。

火药触火即燃,在较密闭的容器中,还发生爆炸,其化学反应式为

$$2KNO_3 + 3C + S = K_2S + 3CO_2\uparrow + N_2\uparrow \quad (2-3)$$

还有少许 CO、K_2CO_3、K_2SO_4。体积很小的火药,燃烧时产生大量的气体和热量,体积突然膨胀增至几千倍,因而在密闭的容器中会爆炸。同时产生 K_2S 等固体产物,并夹杂着未完全燃烧的炭末,所以能看到冒黑烟。火药燃烧爆炸原理,现在的人们不难理解,但在古代却是个谜。

2. 黑火药性能

古人对组成火药的三种主要成分的性能是通过实践认识的。首先认识炭,使用炭较早。在商、周,人们已广泛使用木炭来冶炼金属,炭是比木柴更好的燃料。伐薪烧炭,当时是农民的一种副业。二是认识了硫磺是天然存在,但人们接触比较早的是冶炼中逸出的二氧化硫和温泉中的硫。因为它能直接刺激人们的感官,了解它对某些皮肤病有特别的疗效,逐步认识硫的一些化学性质,例如《神农本草经》里说:"硫磺,……,能化银铜铁,奇物"。所以硫能与铜铁等金属化合。特别认识到硫与汞化合生成硫化汞,与天然品接近。在他们妄图用汞炼制"金液""还丹"的过程中,常用硫,进一步了解到硫含有猛毒,着火易飞,很难"擒制"。因而人们采取了"伏火法",即将硫与其他易燃物质混合加热或燃烧,使药性发生变化。第三认识硝的性质是制取火药的关键。古人掌握最早的硝是墙角房根下的土硝,将土硝用赤炭烧即现焰火,其化学反应式为

$$4KNO_3 + 5C = 2K_2CO_3 + 3CO_2\uparrow + 2N_2\uparrow \quad (2-4)$$

在此反应中,硝石是氧化剂。正因为硝石的化学性质很活泼,能与多物质发生作用,所以,在炼丹中,常用硝来改变药品性质。在使用硝石的过程中,人们还掌握了区别硝石和朴硝(Na_2SO_4)的方法。南北朝的陶弘景就指出:"以火烧之,

紫青烟起,云是真硝石也",这与近代用火焰反应来鉴别 KNO_3,是相似的。在现代火药、炸药出现之前,黑火药既是发射药又是炸药,黑火药具有物化安定性好、火焰感度高、火药传播速度及燃速高、燃烧性能稳定、工艺简单、成本低等优点,至今应用于军事和民用部门。

3. 孙思邈用"伏硫磺法"制备火药

对炭、硫、硝三种物质性能的认识,为火药发明创造了条件。由于医药学和炼丹活动的发展,在唐代,人们在使用硫磺伏火的实验中,发现点燃硝石、硫磺、木炭的混合物,会发生剧烈燃烧。在《诸家神品丹法》卷五中,转载有唐初医学和炼丹家孙思邈的"伏硫磺法"。其工艺过程是:将硫磺、硝石各二两(62.5g)研成粉末,放在硝银锅或沙罐内,挖一地坑,放锅在坑内与地平,四面用土填实,再将皂角子烧红成炭,逐个加入锅内,使硫磺、硝石烧起火焰,等到炭消三分之一,就退火,趁没冷时取出混合物,即伏火了。由此可见,那时孙思邈已掌握了硝、硫、炭混合点火会发生剧烈反应的特点,因而注意采取措施将容器埋入地下,控制反应速度,防范爆炸。"一硝二磺三木炭"是中国古代民间长期流传的黑火药配方,其具体配方:1斤(500g)硝酸钾,二两(62.5g)硫磺,三两(93.8g)木炭。现今世界各国黑火药配方通常是硝酸钾75%,硫磺10%,木炭15%。

4. 黑火药的传承

早在唐代,我国与阿拉伯、印度、波斯等地区和国家海上贸易往来频繁,硝随同医药和炼丹术由我国传出。当时阿拉伯人把硝叫做"中国雪",波斯人把硝称为"中国盐",但他们只知道用硝来炼金、治病和做玻璃。直至公元1225—1248年间,火药才由商人经印度传入阿拉伯国家。欧洲人最先知道火药的是希腊人马哥,他在13世纪后期通过翻译阿拉伯人的书籍才知道火药。主要的火药武器则主要是通过战争西传的。据史书记载,公元1260年,元世祖的军队在与叙利亚一战中被击溃,阿拉伯人缴获了包括火箭、毒火罐、火炮、震天雷在内的火药武器,从而掌握了火药的制造和使用。在中世纪的很长时间内,由于封建统治阶级的阻挠,欧洲化学发展迟缓,炼金术也没怎么超出阿拉伯人的水平,反而带有更多神秘性,与宗教紧密结合。而英国有个炼金家叫罗哲·培根(Roger Bacon,1214—1294),他关于炼金术的著作有18篇之多,主要是《炼金术原理》。培根认为汞是金属之父,硫为金属之母,黄金则由纯汞及纯硫制成。他把炼金术分为理论的和实践的两种:理论炼金术研究金属和矿物的成分、起源及其他变化等;实践炼金术则介绍金属制备、净化及其各种颜料的制造。当时欧洲人误称培根为火药的发明人,显然与事实不符,因为中国在10世纪初已将火药应用到军事上。但是应该承认,15世纪前,英、德、法等国的炼金术已有相当的发展,特别是

15、16世纪以来在欧洲化学中兴起了一个新的研究方向"医学化学",这就是欧洲化学史新阶段的开始。所以火药、火药武器传入欧洲,"不仅对作战方法本身,而且对统治和奴役的政治关系起了变革的作用,火药和火器的采用,决不是一种暴力行为,是一种工业的,也就是经济的进步"(《马克思恩格斯选集》第三卷第206页)。

2.1.4 火炸药在军事上的应用与发展

1. 火药在军事上的应用

在火药发明之前,古代军事家们常用火攻这一战术,周朝末年(公元前500年)《孙子兵法》中就著有"火攻篇"。东周列国志中所讲到的"烽火台"与三国中诸葛亮借东风火烧赤壁也可称得上是火攻技术的应用。汉代末年(公元227年)魏蜀战争已使用了火箭,当时的火箭只是把草艾、麻布等加上油脂缚于箭上,用弓发射出去而已。到后来使用的火箭,在箭头上附着易燃的油脂、松香、硫磺之类物质,烧着后射出,以延长烧伤敌方的时间。但这种火箭燃烧慢,火力小,容易扑灭。在火药出现后,人们用火药代替上述易燃物,这样的火箭燃烧猛烈,杀伤力也大。《新唐书李希烈传》曾说到李希烈用"方士策"烧掉对方的战栅和城上的防御物。唐哀帝天元年(公元904年),郑番率吴军攻打豫章(今江西南昌)时,曾用抛石机抛射火箭弹,火烧龙沙门。由此可知在10世纪初中国火药在军事上得到了应用。

到了两宋时期(960—1279年),人民群众制造的各种火药武器发展很快。公元1000年,有个人叫唐福,他把制成的火箭、火球、火蒺藜献给朝廷,公元1002年石普也制成火球、火箭献给朝廷,宋真宗把他召来当众做了表演。火药武器的出现反过来又推动了火药的研究和大规模生产。宋初《武经总要》一书就记载了三种火药的主要成分。

毒药烟球:焰硝30两(937.5g)、硫磺15两(468.75g)、木炭5两(156.25g),再加巴豆、砒霜、狼毒、桐油、沥青、草乌头、黄蜡、竹茹、麻茹、小油等10种少量配料。

蒺藜火:焰硝40两(1250g)、硫磺20两(625g)、木炭5两(156.25g),再加竹茹、麻茹、桐油、沥青、黄蜡、干漆、小油等10种少量配料。

火炮:焰硝40两(1250g)、硫磺14两(437.5g)、木炭14两(437.5g),再加桐油、黄蜡、干漆、竹茹、麻茹、清油、砒霜、黄丹、淀粉、浓油等10种少量配料。

火药武器的发展最初主要利用火药的燃烧性能,然后才利用火药的爆炸性能。当时生产蒺藜火球、毒药烟球虽能爆炸,但爆炸力还很小。到了北宋末年,人们创造了"霹雳炮""震天雷"等爆炸性较强的武器,杀伤力较大。公元1126年李纲就用霹雳炮击退了金兵对开封的围攻。这时震天雷已是一种铁壳火炮,点燃火药后,蓄积在炮内的气体压力增大,爆炸时威力增强。在《金史》中描述说:"火药发作,声如雷震,热力达半亩之上,人和牛皮皆碎迸无迹,甲铁皆透"。这时火药利用发生了转变,标志火药应用的成熟阶段已经到来。在宋代,民族矛盾、阶级矛盾都很尖锐,多次爆发了大规模农民起义,火药和火药武器都有很快发展。宋神宗熙宁年间,改革军制,设置了军器监,总管京师诸州军器制造。据史料记当时军器监规模宏大,分工很细,雇佣工人达四万之多,肱下分为火药作、青窨作、猛火油作、火作(生产火箭、火炮、火蒺藜)等10个火作坊,当时在史书上记载:"同日出弩火药箭7000支,弓火药箭1万支,蒺藜炮3000支,皮火炮2万支",由此可见,当时生产火药的规模相当大。同时,火药武器也有创造和进步。公元1132年出现的火枪,公元1259年创造的"突火枪",这些都是管形火器。火枪由长竹竿做成,先把火药装在竹竿内,作战时把点燃的火药喷射出去;突火枪是用粗竹筒做的。筒内除装火药外,还装有"子窠",火药点燃后,产生强大的气体压力,把"子窠"射出去。到了元、明,除了出现铁质或铜质的"火铳"外,还创造了利用喷气原理的火箭等。由此看来随着在军事上的应用直接推动了火药武器的发展。

2. 火药的发展在现代军事上的应用

在19世纪以前的很长一段时期,武器中所用的弹药都是以黑火药作为发射药和弹丸装药的。特别是20世纪中后期,发射药和单独弹丸装药已被单、双基或多基发射药和猛炸药所代替,但是黑火药在燃烧性质上有很多的特性,在炮弹上如用在某些引信和弹丸上,用在发射装药或底火中仍有广泛用途。目前在炮弹中,凡是需要传递火焰或扩大火焰的地方都采用黑火药。具体有:

(1)点火药(传火药):用来加强火帽的点燃能力,以保证迅速且同时点燃全部发射药。点火药装在炮弹的底火中,或制成药包放于发射装药的底部,或制成药管放于发射药中间。

(2)发射药:军事上目前用较少,只有56式40火箭用黑火药做发射药。

(3)抛射药:在弹体内,装有特种填物(如燃烧剂、照明剂、信号剂和传单等),利用黑火药瞬间燃烧完产生的压力,将特种填充物从弹体内抛出,这种黑火药叫抛射药。

(4)做引信的时间药剂、扩焰药和延期药:将黑火药压装在引信时间药盘内,使黑火药具有一定的装药密度和燃烧速度,在炮弹发射后,按规定的时间点燃扩焰药,点燃爆雷管或点燃发射药,这就叫时间药剂。扩焰药装在时间药剂或延期药下方,用来扩大火焰,点燃抛射药或点燃爆雷管。延期药装在火帽与雷管之间,火帽发火点燃延期药,燃完要一定时间,再点爆雷管而引爆弹体装药。

3. 单质炸药

只含有一种化学物质(一般是化合物)的炸药称为单质炸药。单质炸药主要有起爆药和单质猛炸药。

1) 起爆药

起爆药用来引发其他炸药爆炸。起爆药主要用于起爆器材,是任何爆破的最初爆炸或点燃的炸药。应满足下列基本要求:

(1)起爆药必须具有适当的敏感度。

(2)起爆药必须有足够的起爆能力。

(3)起爆药必须有很好的物理、化学安定性及对相接触材料的相容性。

(4)制造起爆药的原材料来源广泛、工艺简单,操作安全且重现性好。

常见单质起爆药:

(1)雷汞,分子式 $Hg(CNO)_2$,白色或灰白色的微细晶体,不溶于水,耐压性不好,热安定性差、有毒、产物有腐蚀性,在起爆器材中逐渐被其他起爆药代替。

(2)叠氮化铅,分子式 $Pb(N_3)_2$,通常为白色针状晶体,不溶于水,有毒,热安定性好,撞击感度和热感度都不高,起爆能力高于雷汞。

(3)二硝基重氮酚(DDNP),分子式 $C_6H_2(NO_2)_2N_2O$,安定性好,起爆能力大,撞击感度和摩擦感度都比雷汞和叠氮化铅低,是目前生产量最大的起爆药。

2) 单质猛炸药

随着军事化学的发展,出现了比黑火药爆炸威力更大的烈性炸药。一般是含硝基的有机化合物,最早出现的是苦味酸(2,4,6 - 三硝基苯酚),化学式为 $C_6H_3N_3O_7$,室温下为无色至黄色针状结晶。三硝基苯酚是苯酚的三硝基取代物,受硝基吸电子效应的影响而有很强的酸性,因其具有强烈的苦味,又被称为苦味酸。难溶于四氯化碳,微溶于二硫化碳,溶于热水、乙醇、乙醚,易溶于丙酮、苯等有机溶剂。爆炸反应方程式为

$$2C_6H_3N_3O_7 \rightarrow 3H_2O\uparrow + 3N_2\uparrow + 11CO\uparrow + C \qquad (2-5)$$

1845 年,瑞士化学家舍恩拜做试验时不小心把盛满硝酸和硫酸的混合液瓶碰倒了。溶液流在桌上,一时未找到抹布,他赶紧出去拿来了妻子的一条棉布围裙来抹桌子。围裙浸了溶液,湿淋淋的,舍恩拜怕妻子看见后责怪,就到厨房去把围裙烘干。没料到靠近火炉时,只听得"扑"的一声,围裙被烧得干干净净,没有烟,也没有灰,他大吃一惊。事后,他仔细回忆了经过,顿时万分高兴。他意识

到自己已经合成了可以用来做炸药的新的化合物。为此,他多次重复了实验,肯定了结果无误,遂将其命名为"火棉",后人称之为硝化纤维。

舍恩拜发明的硝化纤维,生成的火药很不稳定,多次发生火药库爆炸事故。1884年,法国化学家、工程师P·维埃利将硝化纤维溶解在乙醚和乙醇里,在其中加入适量的稳定剂,成为胶状物,通过压成片状、切条、干燥硬化,制成了世界上第一种无烟火药。其爆炸反应式为

$$2(C_6H_7O_{11}N_3)_n \rightarrow 3nN_2\uparrow + 7nH_2O\uparrow + 3nCO_2\uparrow + 9nCO\uparrow \quad (2-6)$$

硝化甘油,又名三硝酸甘油酯,是甘油的三硝酸酯,是一种有机化合物,化学式为 $C_3H_5N_3O_9$,是意大利人于1847年在一场化学实验室的偶然事故中发现的一种烈性炸药。其最初用作血管扩张药,制成0.3%硝酸甘油片剂,舌下给药,作用迅速而短暂,治疗冠状动脉狭窄引起的心绞痛。硝化甘油机械感度高,故受暴冷暴热、撞击、摩擦,遇明火、高热时,均有引起爆炸的危险。与强酸接触能发生强烈反应,引起燃烧或爆炸。1867年,瑞典化学家诺贝尔将硅藻土与硝化甘油混合制成了稳定性更高的安全固体炸药。它的爆炸效力高,价钱也比较便宜。它比纯硝化甘油有更大的爆炸力,而又具有更大的稳定性,点燃不会爆炸,浸水不会受潮。胶质炸药很快在世界各国的爆破工程中被广泛采用。爆炸反应式为

$$4C_3H_5N_3O_9 \rightarrow 6N_2\uparrow + 10H_2O\uparrow + 12CO_2\uparrow + O_2\uparrow \quad (2-7)$$

1863年,化学家J维尔布兰德用甲苯、硫酸和硝酸首先制得了一种黄色的针状固体,并命名为梯恩梯,化学名称为三硝基甲苯(TNT),化学式为 $C_7H_5N_3O_6$,为白色或黄色针状结晶,无臭,有吸湿性,是一种比较安全的炸药。现在被广泛用作军事武器中的炸药,并作为炸药的当量标准。

TNT从1891年开始应用于军事,并很快取代了苦味酸,成为最经典的炸药。至今,TNT的地位无可动摇,仍然是产量最大的炸药。在计算核武器的破坏效果时,常使用TNT作为标准,即一枚核弹爆炸释放的能量相当于多少吨TNT,称为核武器当量。TNT的爆炸反应式为

$$2C_7H_5N_3O_6 \rightarrow 3N_2\uparrow + 5H_2O\uparrow + 7CO\uparrow + 7C \quad (2-8)$$

在合成炸药中,TNT的威力算是比较小的。撞击感度4%~8%(10kg,25cm高),摩擦感度4%~6%,枪弹贯穿一般不会爆炸。毒性大,毒力与农药敌百虫相当。TNT的生产成本低,工艺成熟,各国都有大量生产。TNT的熔点低,且熔点低于分解温度,可以放心地将其熔化而不用担心发生危险。熔化的TNT是良好的溶剂和载体,许多不易熔化的粉状炸药都可以与其混熔后浇铸成型。片状的TNT及用片状物压成的药块易被起爆,浇铸成块的起爆较困难,必须用扩爆药柱。一般情况下,起爆TNT至少需要0.24g雷汞或0.16g叠氮化铅。点燃TNT时只发生熔化和缓慢燃烧,发出黄色火焰,不会爆炸,因而,常用燃烧法销

毁 TNT。

1894 年发明的季戊四醇四硝酸酯,是一种硝酸酯类有机物,其俄语音译为"太安",又名膨梯儿(PETN),分子式为 $C(CH_2ONO_2)$。军方科学家研究发现,太安是一种白色固体,威力大于后面将要介绍的黑索金,但安定性较差,所以,需要加入钝化剂才可用于装填炮弹、炸弹。其爆炸反应式为

$$C(CH_2ONO_2) \rightarrow 2N_2\uparrow + 4H_2O\uparrow + 3CO_2\uparrow + 2CO\uparrow \qquad (2-9)$$

太安又名膨梯儿(PETN),化学名称为季戊四醇四硝酸酯,是极猛烈的炸药,有文献报道其铅铸扩张值为 $523cm^3/10g$,约为 TNT 的 174%,猛度约为 TNT 的 120%。PETN 感度较高,易被起爆,因此被用于雷管及传爆药柱中。PETN 的耐水性也不错,用火棉胶固结后可直接用在水中,在粉末含水 30% 时仍能被引爆。PETN 的用途非常多,几乎用于炸药应用的所有领域。把 PETN 用于手榴弹、地雷或添加于工业炸药中,或掺入推进剂、抛射药中,均能收到良好效果。还可将其用于制造爆炸桥丝雷管、导爆索和传爆剂。医学方面可用于治疗心绞痛,作用缓慢而持久,而且几乎无毒。

1899 年,英国药物学家 G. F 亨宁用福尔马林和氨水作用,制得了一种弱碱性的白色固体,命名为乌洛托品,分子式为 $(CH_2)_6N_4$。他利用各种酸处理,看看其盐的状态。当用硝酸处理时,得到了一种白色的粉状晶体,水溶性极差。经过研究,原来是生成了六元环状的硝酰胺类化合物。因为其分子呈六边形,所以命名为 hexogon,中文音译为黑索金(RDX)。

1922 年,化学家 G. C 赫尔茨发现这种六边形的物质竟然是一种性质猛烈的炸药,其威力不弱于梯恩梯,但其合成原料(氨水和福尔马林)却比甲苯价格更低,来源更为丰富。只是黑索金有点暴烈,所以需要加入某些钝感剂才适用于炮弹、鱼雷和地雷等武器,另外,它还可以作为火箭推进剂的成分之一。第二次世界大战之后,黑索金已经成为军用炸药的主角之一,仅次于梯恩梯。其爆炸反应式为

$$C_3H_6O_6 \rightarrow 3N_2\uparrow + 3H_2O\uparrow + 3CO\uparrow \qquad (2-10)$$

黑索金威力强大,爆速 $8620 \sim 8670m/s(p = 1.769g \cdot cm^{-3})$,做功能力为 158%,猛度为 150%。感度较高,撞击感度 $36\% \pm 8\%$(2kg 锤,25cm 落高)或 $7.5N \cdot m$,着火电压 14950V(电容 $0.3\mu F$)。黑索金的毒性远小于 TNT,但仍有毒,可以用做安全的杀鼠药。目前尚无特效解毒剂。

黑索金是当今最重要的炸药,因其综合性能优良,在许多地方,尤其是在导弹中得到广泛应用,用量仅次于 TNT。1941 年,生产黑索金的一家化工厂发现,在黑索金中的一种杂质的含量可以决定黑索金的爆炸效果。这种杂质多,这批

产品质量就好,否则就要差一些。经过提纯,发现这是黑索金的一种同系物,只不过是一个八元环,所以被命名为 octagon(八边形),音译为奥克托金(HMX)。

奥克托金的密度大于黑索金,爆速、爆热都高于黑索金,化学安定性甚至好于梯恩梯,是已知单质炸药中爆炸效果最好的一种。但是由于其生产工艺要求高,产品很难提纯,生产成本高,所以尚未作为常规装药应用于战争中,而是逐渐应用于导弹战斗部和反坦克武器装药。如果能够降低成本,提高产率,奥克托金会得到更为广泛的应用。其爆炸反应式为

$$C_4H_8O_8N_8 \rightarrow 4N_2\uparrow + 4H_2O\uparrow + 4CO\uparrow \qquad (2-11)$$

4. 现代炸药——混合炸药

在第一、二次世界大战中,大量使用了苦味酸、梯恩梯等单质炸药装填各种弹药。但随着现代武器的发展和防御能力的加强,如舰艇和坦克的装甲及工事掩体结构等设施的不断改进,上述单质炸药的爆炸威力明显不足,需要发展爆炸威力更高的新品种。另外,一些爆炸性能好的单质炸药如黑索金、奥克托金和太安等,由于机械感度高,装药加工不安全,不便单独使用,这就导致了以这类炸药为主的混合炸药的出现。

混合炸药也称爆炸混合物,是由两种以上的化学物质混合构成的猛炸药。混合炸药可以是可燃物和容易释放大量氧的氧化剂所组成的混合物,也可以是以一种单质炸药为基础,再加入其他组分的混合物。

将单质炸药与其他物质混合制成混合炸药使用,可改善其物理和化学性质以及爆炸性能和装药性能等。现在各种类型的弹药、战斗部和水下武器等的装药,绝大部分是混合炸药。工业炸药几乎全部是混合炸药。对混合炸药的要求主要是:

(1)降低某些猛炸药的机械感度、提高装药性能和药柱的机械强度;
(2)使高熔点的猛炸药与低熔点的猛炸药熔合,便于铸装;
(3)改善和调整炸药的爆炸性能;
(4)扩大炸药供应的来源,开拓利用来源广、价格低的原料。

1)液体炸药

液体炸药是由液体或某些能溶于液体或者能悬浮于液体物质所制成的混合炸药。液体炸药可分为单质液体炸药和混合液体炸药两种。单质液体炸药的综合性能较差,而混合液体炸药能克服单质液体炸药的缺点,保留其优点,在某些特种应用上发挥它的特点,故获得长足发展。

液体炸药一般具有良好的能量特性、流动特性、安全特性及使用特性。液体炸药的爆热较高、体积能量较高,而梯恩梯仅为 $6.09kJ/cm^3$,奥克托金也只有

10.5kJ/cm³。液体炸药密度均一,爆速稳定。在液体炸药中,固爆轰体系是均匀稳定的连续相,爆轰被冲击激发后,在极短时间内,化学反应便高速进行,径向膨胀的影响相对较小,能保持高速传播,管径效应较小。多数液体炸药起爆及传爆性能良好,具有较小的临界直径,适合于裂隙网爆破及表面微量爆破,具有安全可靠的特点。

液体炸药的制造多数是使用釜式机械混合工艺,制造工艺比较简单。液体炸药的使用不受作业场地及手段的限制,可将原料成分单独运输,现场配用,也可泵送到使用现场,还可先定位安置好爆破盛器,安装工人撤离后再灌药,避免或缩短带药操作时间,增大安全度。该炸药特别适用于野外流动作业及海洋工程作业,在军用、民用工程爆破及特殊工程爆破中也得到了广泛应用。

液体炸药流动性好、密度均匀,可随容器任意改变形状,并可渗入至被爆炸物缝隙中。液体炸药通常为氧化剂与可燃剂的混合物,如浓硝酸与硝基苯、浓硝酸与硝基甲烷、四硝基甲烷与硝基苯以及硝酸肼与肼等。它们的爆炸性能均较好,可应用于装填地雷、航弹、扫雷、开辟通道、挖掘工事和掩体。但也有挥发性大、安定性差、腐蚀性强以及某些组分有毒等缺点。在现代战争中液体炸药被用于破坏坑道和深层掩体。

2)高威力混合炸药

这类混合炸药中往往加有高热值的可燃剂,以提高炸药的爆热。这些物质为铝、镁、硼、锆、硅等,其中以铝用得最为普遍,因此,通常所说的高威力混合炸药就是指含铝的混合炸药。这类炸药的组分大致为黑索金、梯恩梯、铝粉以及少量的附加胶黏剂等。主要用于装填鱼雷、水雷、深水炸弹、高射炮弹、破甲弹和某些高爆炸弹。

3)工程炸药

在修筑工事、掩体和铺设道路、拆除建筑物时,都需要爆破作业。然而,梯恩梯、黑索金等炸药价格昂贵,不适合工程爆破使用。硝酸铵是一种中等威力的炸药。

1659年,德国人J. R. 格劳贝尔首次制得硝酸铵。19世纪末期,欧洲人用硫酸铵与智利硝石进行复分解反应生产硝酸铵。后由于合成氨工业的大规模发展,硝酸铵生产获得了丰富的原料,于20世纪中期得到迅速发展,第二次世界大战期间,一些国家专门建立了硝酸铵厂,用以制造炸药。

硝酸铵是一种氧化剂,能够和还原剂发生氧化还原反应,所以硝酸铵能够和某些金属(如Pb、Ni、Zn、Cu、Cd)发生反应,反应生成易爆炸的亚硝酸盐。由于硝酸铵的氧化性,当其黏附于纸片、布、麻袋等纤维性物质时,在一定温度下就可能产生加速的氧化还原反应而引起自燃。硝酸铵受热分解温度不同,分解产物也不同。

在 110℃时：
$$NH_4NO_3 \rightarrow NH_3 + HNO_3 \qquad (2-12)$$
在 185～200℃时：
$$NH_4NO_3 \rightarrow N_2O + 2H_2 \qquad (2-13)$$
在 230℃以上时，同时有弱光：
$$2NH_4NO_3 \rightarrow 2N_2 + O_2 + 4H_2O \qquad (2-14)$$
在 400℃以上时，剧烈分解发生爆炸：
$$4NH_4NO_3 \rightarrow 3N_2 + 2NO_2 + 8H_2O \qquad (2-15)$$

纯硝酸铵在常温下是稳定的,对打击、碰撞或摩擦均不敏感。但在高温、高压和有可被氧化的物质(还原剂)存在及电火花下会发生爆炸,硝酸铵在含水 3% 以上时无法爆轰,但仍会在一定温度下分解,在生产、贮运和使用中必须严格遵守安全规定。

如果再在其中混入一些还原剂,就可以制成价格低廉、威力巨大的炸药。一般常用的铵油炸药,即将硝酸铵与燃料油、木粉、沥青等可燃物混合。在拆除钢筋工事时,还需要加入少量梯恩梯和铝粉。

4) 军用炸药

军用炸药与工业炸药不同,军用炸药不仅要求具有毁伤性的热力学功率,而且要求具有一些其他特性。根据钝感弹药(IM)的要求,需对炸药进行各种实验如慢速烤燃、快速烤燃、子弹撞击以及殉爆等。飞行器上战斗部的气动力加热现象也是设计战斗部时需要考虑的一个重要因素。

(1) TNT 基炸药。TNT 是一种重要的含能材料,它不仅可以用在工业上,而且可以用作军事爆破装药。因为 TNT 不腐蚀金属,可以直接浇注到战斗部的金属壳体中。

为了得到高的爆炸性能,TNT 常与其他材料混合,如 AN、特屈儿、太安、Al 粉以及硝胺颗粒等。TNT 与 AN 混合炸药称为阿马托(Amatol)炸药,TNT 与 AN 的质量比在 0.5/0.5～0.2/0.8 之间,先将 TNT 与 AN 混合物熔化,然后浇注。TNT 与 A 粉混合称为 Tritonal,质量比为 TNT/A = 0.8/0.2。TNT 与奥克托金混合炸药称为奥克托尔炸药,TNT 与奥克托金的质量比范围从 0.3/0.7～0.25/0.75,混合炸药在密度为 $1800 kg \cdot m^{-3}$ 时,爆轰速度为 $8600 m \cdot s^{-1}$。TNT 和黑索金混合再加少量的蜡,经压制得到的炸药称为 A 炸药,爆轰速度约为 $8000 m \cdot s^{-1}$。TNT 和黑索金与少量的蜡一起浇注成型的炸药称为 B 炸药,其质量比 TNT/黑索金 = 0.4/0.6,外加 0.1% 的蜡,密度在 $1600～1750 kg \cdot m^{-3}$,爆轰速度约为 $8100 m \cdot s^{-1}$。TNT 的熔点为 353.8K,对于用作超声速或高超声速飞行($>5Ma$)的战斗机装药其熔点太低,由于空气动力加热会引起药装的变形。

(2)塑料粘接炸药。塑料粘接炸药(PBX)通常用作枪炮和火箭弹的战斗部装药。爆压 p 是尤为重要的一个特性参数。因为爆轰速度 v_p 较易测得,而且精准度高于 ρ_J,因而用爆轰速度替代式爆压作为性能评估标准。PBX 炸药的爆轰速度与它的密度紧密相关,同时,添加 HMX(NNO_2)$_4$(CH_2)$_4$ 或 RDX(NNO_2)$_3$(CH_2)$_3$ 能增加炸药密度。将尼龙粉与 HMX 粒子混合压成需求的形状,制成了高密度的 HMX-PBX。需注意的是,炸药制作过程中对加压和机械撞击很敏感。尽管含铝 PBX 炸药的密度较高,但实测爆速低于无铝 PBX 炸药,这是因为 HMX 或黑索金是化学计量比平衡的物质,没有多余的氧来氧化铝粉。铝粉是被 HMX 或黑索金的燃烧产物 CO 氧化的,而且铝粉的氧化反应时间比 HMX 或黑索金的氧化反应时间长。在爆轰波中铝粉不反应,但在稳定状态(C-J)点下游进行反应,因此,加入铝粉后,尽管 PBX 密度增加了,但是爆速不增加。当含铝 PBX 炸药用在水中爆破时,高压下铝与水反应产生氢气,于是在水中产生气泡,气泡在水中会产生额外压力和冲击波。

2.2 非致命武器中的军事用弹

当今世界,军事行动大多呈现地域性的局部战争,这种战争不以杀伤敌方有生力量、占领对方领土为目的,而是最大程度地削弱敌方在政治和军事领域内的实力和组织潜力,这种战争方式所表现的特点非常明显,武器打击的精度越来越精确,人员伤亡、物质损失降低到最低程度,军事强国完全控制了战争的主动权。这一切都促进了现代非致命武器的迅速发展,也使非致命武器稳步地成为武装力量使用的标准武器之一。新型非致命武器在作用机理、结构方式等方面与传统杀伤性武器有着本质不同,它充分体现了物理、化学、生物、电子和其他应用科学的最新科技成果,各种常规武器、车辆、飞机、舰艇等都有可能成为非致命武器的载体和平台。其应有效应也不再是片面地追求增大威力,提高毁伤能力,而是想方设法通过各种技术手段,破坏敌方武器装备系统,瓦解对方斗志,便其失去作战能力,这就为非致命战争提供了可能,从而为支撑这种战争的非致命武器的发展创造了契机。

2.2.1 非致命武器的概念

1996 年 3 月,在弗吉尼亚州麦克莱恩举行的关于非致命防务大会上,美国正式宣布了"非致命武器"(non-lethal weapons)这个概念,负责特种作战和低强度冲突的助理国防部长艾伦·霍姆斯给该名词的定义为:"明确设计和主要用来使人员和装备失去作用,把对人的致命性,永久性伤害以及对财产和环境的非故意破坏,降至最低限度的武器"。与传统武器不同,非致命武器不是通过爆炸、穿透和破片等方式来达到破坏目的,而是利用某些物质独特的物理、化学性质使敌方人员暂时丧失战斗能力而不产生致命性的杀伤,也不会留下永久性伤残,能暂时阻止某些车辆、舰船等装备或设备正常运行而不至于造成大规模破坏,并对生态环境破坏最小。非致命武器至少应具备如下两点:一是对人员或装备的作用效果可逆转;二是在其作用范围内对目标分别施加影响。美国国防部指令制定的非致命武器政策是:

帮助减少冲突后重建成本;不能限制指挥官使用必要手段和采取正当防卫的固有权利和义务;明确使用义务,制定比现有法律制定标准更高的使用标准;能够与致命武器结合使用,以增强致命武器在军事作战中的作战效能。

非致命武器也被称为低杀伤武器、非杀伤武器、软杀伤武器、温柔武器等,不同国家,不同军事组织和不同的学者给出了不同的定义。

美国非致命武器联合需求审查委员会备忘录(JROCM)060-09号文件,反人员联合非致命效应初始能力文件和反器材联合非致命效应初始能力文件定义:能够使人员或装备目标瞬间失能,且最大程度减少人员的伤亡或永久性伤害以及对目标区内物资或环境的毁坏或影响的武器、装置和弹药。非致命武器能够对人员或装备目标产生可逆效应。北约的定义:非致命武器是指那些为驱退人员使其暂时失能而设计和研制的武器,这些武器具有较低的致命或造成永久性伤害的概率,或可导致敌方武器装备瘫痪,但造成的破坏或对环境的影响最小。德国的定义:用于避免(防止或制止)敌对行动,不造成人员死亡或重伤的技术手段,此外使用这些手段对无辜的人和环境造成的附带效应最小。我国《军事百科全书》第二版(2006年12)定义:利用声、光、电磁、化学、生物等技术手段,使人员或武器装备暂时或永久丧失部分或全部作战能力的武器。

虽然对非致命武器的概念有不同的认识,但总结国内外学者提出的定义,却对非致命武器的作用范围、性能要求等有着同样的认识。即非致命武器的"命"包括两层含义:一是人体的生命,即在不使敌方人员致命的前提下,使其迅速失去战斗力;二是物体的"生命",主要着眼于破坏敌方的军事设施、装备和后勤保障系统,使其失效和损坏。对非致命武器的性能要求是,能使罪犯丧失战斗能力,但不能对人体产生特别严重的生理或心理伤害,并且它们对人员或装备的作用结果必须是可以逆转的,当罪犯停止进攻行动(立即离开现场)后,非致命武器对其造成的疼痛或不舒适感应可在短时间内消除。所以,归纳以上内容,非致命武器可理解为"凡是能使作用对象暂时失去作战能力(如人员暂时致盲、致聋、昏迷,武器装备失效等),但又不会对人体造成不可逆(永久性)伤害的物质手段,都可归于非致命质器的范畴"。

2.2.2 军事四弹

"军事四弹"是指烟幕弹、照明弹、燃烧弹和信号弹,它们在军事上有着重要的作用。

1. 烟幕弹

烟幕弹(又称烟雾弹)由引信、弹壳、发烟剂和炸药管组成。通常用于迷茫敌方、干扰敌方光学观测仪器、隐蔽和掩护己方行动;也用于指示目标、发出信号等用途,是战场上经常使用的弹种之一。

化学中的"烟"是由固体颗料组成,"雾"是由小液滴组成,烟幕弹的原理就是通过化学反应在空气中造成大范围的化学烟雾。例如,装有白磷的烟幕弹引爆后,白磷迅速在空气中燃烧生成五氧化二磷:

$$4P + 5O_2 \rightarrow 2P_2O_5 \tag{2-16}$$

P_2O_5 会进一步与空气中的水蒸气反应生成偏磷酸和磷酸,其中,偏磷酸有毒。

$$P_2O_5 + H_2O \rightarrow 2HPO_3 \tag{2-17}$$

$$P_2O_5 + 6H_2O \rightarrow 4H_3PO_4 \tag{2-18}$$

这些酸性液滴与未反应的白色颗粒状 P_2O_5 悬浮在空气中,构成了"恐怖云海"。同理,四氯化硅和四氯化锡等物质也可用作烟幕弹。因为它们都极易水解水解后在空气中形成 HCl 酸雾。

$$SiCl_4 + 4H_2O \rightarrow H_4SiO_4 + 4HCl \tag{2-19}$$

$$SnCl_4 + 4H_2O \rightarrow Sn(OH)_4 + 4HCl \tag{2-20}$$

在第一次世界大战期间,英国海军就曾向自己的军舰投放含 $SnCl_4$ 和 $SiCl_4$ 的烟幕弹,从而巧妙地隐藏了军舰,避免了敌机轰炸。有些现代新式军用坦克所用的烟幕弹不仅可以隐蔽物理外形,而且烟雾还有躲避红外、激光和微波的功能,达到"隐身"的效果。

2. 照明弹

夜战是战场上经常采用的一种作战方式。利用黑夜作掩护,夺取战场主动权,历来为指挥员所推崇。然而,要想在茫茫黑夜中克敌制胜,首先要解决夜间观察和夜间射击的问题。在早期的战争中,主要依靠照明器材来解决这些问题。

照明弹是弹体内装照明剂用以发光照明的弹药,它是利用内装照明剂燃烧时的发光效果进行照明的。航空炸弹,炮弹等均有照明弹。通常可利用时间引信在预定的空中位置引燃抛射药,将被点燃的照明炬连同吊伞系统从弹底抛出,缓慢地下降,照明剂发出强光,发光强度为 40 万～200 万 cd,发光时长为 30～140s,照明半径达数百米。

照明弹内部有一个特别的照明装置,里面装着照明剂。它包含金属可燃物、氧化物和黏合剂等数种物质。金属可燃物主要用镁粉和铝粉制成。镁粉和铝粉燃烧时,能产生几千摄氏度的高温、发射出耀眼的光芒。

$$2Mg + O_2 \rightarrow 2MgO \tag{2-21}$$

$$4Al + 3O_2 \rightarrow 2Al_2O_3 \tag{2-22}$$

氧化物是硝酸钡或硝酸钠,它们燃烧时能放出大量的氧气,加速镁、铝粉燃烧,增强发光亮度。

$$2NaNO_3 \rightarrow 2NaNO_2 + O_2 \tag{2-23}$$

$$Ba(NO_3)_2 \rightarrow Ba(NO_2)_2 + O_2 \tag{2-24}$$

产生的氧气又加速了镁、铝的燃烧反应,使照明弹更加明亮夺目。

黏合剂大都采用天然干性油、松香、虫胶等原料制成,它能将药剂黏合在一块,起缓燃作用,保证照明剂有一定的燃烧时间。照明剂放在照明剂盒内,盒的下端连接有降落伞。

照明弹还配有时间引信和抛射药。当弹丸飞到预定的空域时,时间引信开始点火,引燃抛射药,点燃照明剂,抛射药产生的气体压力将照明剂和降落伞抛出弹外,降落伞可在空气阻力作用下张开,吊着照明盒以 5～8m/s 的速度徐徐降落、燃烧,使白炽的光芒射向大地。

照明弹的种类很多,除火炮上配有照明弹外,还出现了照明炸弹、火箭筒照明弹、照明手榴弹、照明枪榴弹和照明地雷等。它的发射有好多种途径。可以从飞机上,也可以从枪榴弹发射器上发射。有的战术需要的时候,后面有降落伞,是为了增加照明时间,以达到战术目的。

3. 燃烧弹

燃烧弹,又称纵火弹,是装有燃烧剂的航空炸弹、炮弹、火箭弹、枪榴弹和手榴弹的统称。它主要用于烧伤敌方有生力量,烧毁易燃的军事技术装备和设备。燃烧炸弹是指装有燃烧剂的航空炸弹,主要利用燃烧剂燃烧时烧伤目标。燃烧弹在现代坑道战、堑壕战中起到重要作用。由于汽油密度小,放出的热量高,价格便宜,所以被广泛用作燃烧弹的原料。用汽油与黏合剂黏合成胶状物,可制成凝固汽油弹。凝固汽油燃烧炸弹的燃烧温度可达 850℃ 左右,燃烧时间约 1～

15min,且具有较强的黏附性。对易燃目标造成的破坏效能比爆破炸弹高十几倍。为了攻击水中目标,在凝固汽油弹里添加活泼的碱金属或碱土金属。钾、钙和钡一遇水就剧烈反应,产生易燃易爆的氢气:

$$2K + 2H_2O \rightarrow 2KOH + H_2 \qquad (2-25)$$

从而提高了燃烧的威力。对于有装甲的坦克,燃烧弹自有对付它的高招。铝粉和氧化铁能发生壮观的铝热反应:

$$Fe_2O_3 + 2Al = 2Fe + Al_2O_3 \qquad (2-26)$$

铝热剂燃烧炸弹的燃烧温度可达 3000℃,该反应放出的热量足以使钢铁熔化成液态。所以用铝热剂制成的燃烧弹可熔掉坦克厚厚的装甲,使其望而生畏,也用于烧毁建筑物和工事。另外,铝热剂燃烧弹在没有空气助燃时也可照样燃烧,大大扩展了它的应用范围。

4. 信号弹

金属及其化合物灼烧时可呈现各种颜色的火焰,人们利用这一性质制造出信号弹。信号弹用于传递一些战斗状态下的信息,比如冲锋和传达指挥员的战斗号令。信号弹中的信号剂是用发光剂和发色剂胶合而成的。发光剂一般为铝粉或镁粉;发色剂为能在火焰中发出绚丽多彩颜色的金属盐类物质,如用硝酸锶和碳酸锶制造红色信号弹、用硝酸钡制造绿色信号弹、用硝酸钠制造黄色信号弹、用硫酸铜制造蓝色信号弹以及用硝酸钾制造葡萄紫色的信号弹等。表 2-1 为某些照明剂的配比以及性能。

表 2-1 某些照明剂的配比以及性能

$Ba(NO_3)_2$	Mg/%	Al/%	S/%	酚醛树脂/%	密度/$(g \cdot cm^{-3})$	燃烧速度/$(mm \cdot s^{-1})$	发光强度/cd	比光能/$(cd \cdot s \cdot g^{-1})$
58	32	无	无	10	2.1	4.9	93000	21000
47	43	无	无	10	1.9	5.0	126000	32000
47	43	无	无	10(松香)	1.9	3.7	61000	22000
64	无	26	无	10	2.4	1.7	10000	6000
64	无	26	10	无	2.5	4.3	61000	4000

2.2.3 化学阻滞剂

1. 超级黏合剂

利用化学固化剂和纠缠剂的超级黏结性能,作战时将黏性很强的胶黏剂用飞机播撒,炮弹(炸弹)投射等方法,直接置于道路、飞机跑道、武器、装备、车辆或设施上,会黏住车辆和装备使之寸步难行,甚至像"粘蝇纸黏苍蝇"一样。目前开发的黏合剂类型多样,有的像蜘蛛的黏液一样时效短暂,有的胶黏时间只有数天或数小时,过时自动失效。在放置胶黏液的地方附近可设传感装置,对己方有识别能力,己方通过时有彩色亮线显示,确保乙方不被黏住。同时新式胶黏液配套使用的还有除黏剂,用来快速清除胶黏液的黏性。

2. 超级润滑剂

超级润滑剂是一种采用含油聚合物微球、表面改性技术,无机润滑剂等作原料复配而成的一种化学物质,这种物质摩擦因数几乎为零,且附在物体上极难消除;主要用于攻击机场跑道、航空母舰甲板、铁轨、高速公路、桥梁等目标,使飞机难以起降,汽车难以行驶,火车行驶脱轨,借以达到破坏敌军交通行动和军事部署的目的。超强润滑剂雾化喷入空气中,当坦克、飞机等发动机吸入后,功率就会骤然下降甚至熄火。

3. 气溶胶弹

气溶胶弹主要由大量腐蚀性的化学物质组成,在路面引爆使化学物质撒满路面,其散发出的气体可以渗入并损坏坦克、汽车的发动机,使其停止运转。这种炮弹爆炸后在附近数千米、地表数米高度的空气内密布高附着力,高黏接强度的气溶胶悬浮颗粒,很快附着在人体和衣物表面、炮膛内、雷达机件等运动表面,使人员动作迟滞失误甚至无法动作,炮弹在炮膛内被急速减速失去射程、甚至在膛内爆炸,雷达等各种运动机件难以运转自如,气溶胶颗粒被各型车辆的发动机进气管吸入阻塞了空气滤清器滤网表面,造成强大进气阻力使发动机熄火。

4. 金属致脆液

金属致脆液是一种液态喷涂战剂。这种喷剂可使金属或合金的分子结构发生化学变化,侵蚀金属或合金组件,改变其分子结构和理化性能,使金属构件的韧性降低而脆化,大大降低结构强度,从而达到严重损伤对方武器的目的。根据化学机理一般分为两种类型:一种是用强酸液体使金属变脆;另一种用液态金属将金属材质强度降低、脆化。常见的液态金属指熔点比较低的金属或合金,主要有汞、铯、镓、铷等,在不太高的温度下都会变成液体。

5. 超级腐蚀剂

超级腐蚀剂是对特定材料具有超常腐蚀作用的化学物质,主要包括两类:一类是比氢氟酸强几百倍的腐蚀剂,它可破坏敌方铁路、桥梁、飞机、坦克等重武器装备,还可破坏沥青路面等;另一类是特性腐蚀,如溶化轮胎的战剂,含有丙酮、二甲苯之类的溶剂和超强氯氟酸,可使汽车、飞机的轮胎即刻溶化报废;透镜腐蚀剂含丙酮、二甲苯之类的溶剂及氟化物凝胶腐蚀遮光剂等,能腐蚀坦克透镜,遮盖坦克瞄准镜。

6. 油料凝合剂

油料凝合剂是一种化学添加剂,可污染燃料或改变燃料的黏滞性。散布在空气中被发动机吸进后,能立即引起发动机失灵;被投放到油料中,油料即被凝固。多年前,美军已投资研制了一种以油料凝合剂为装药的弹药,该弹一旦射向任何以柴油、汽油为燃料的军事装备,如飞机、舰艇或坦克时,就会使油料变质,降低效率或使其根本无法使用。

7. 阻燃剂

阻燃剂是一种可使发动机熄火的物质。飞机、装甲车辆或汽车遇到对方发射产生的阻燃剂雾团,其发动机将立即停止工作,从而坠落或不能开动。可直接投放或飞机空撒,也可大面积播撒到战场、机场或海港。

习 题

1. 什么是火炸药,火炸药有哪些基本特性?
2. 火炮用火药和火箭推进剂主要差别在哪里?
3. 黑火药的主要成分有哪些?主要起什么作用?
4. 军事四弹包括哪些?各自有什么用途?

第3章
生化武器

　　化学、生物武器以其独特的作战效能、作用方式和特点,曾在世界各国军事装备发展进程中占有非常重要的地位,同时由于化学、生物武器费效比低、威力大、杀伤途径多,具有很强的威慑力,常使人不寒而栗,谈之色变。为了彻底销毁该类武器,全世界一切爱好和平的人们经过不懈努力,先后签订了一系列禁止使用此类武器的国际公约,如1975年生效的《禁止生物武器公约》,1997年生效的《禁止化学武器公约》。这些公约的签署和生效,标志着世界范围内化学、生物武器裁军取得了令人瞩目的成就。人们仿佛感到今后是一个没有化学、生物武器的时代。然而,直到如今化学、生物武器的魔影随处可见,当今的世界不仅充满化学、生物武器的威胁,而且频频发生使用化学、生物武器的指控和化学、生物恐怖袭击事件。如两伊战争期间,伊朗指控伊拉克军队使用了化学武器;又如1995年3月,日本邪教组织在东京地铁投放沙林毒剂,致使12人死亡、5000多人中毒;再如1999年4月,以美国为首的北约用贫铀弹轰炸南联盟,污染了大范围的空气、水源和土壤,对人员造成大面积伤害。2001年美国遭受"9.11"恐怖袭击之后,又接连发生炭疽杆菌生物恐怖事件,多人感染中毒死亡,不仅美国人心惶惶,而且引起全世界关注。

　　铁的事实证明,化学、生物武器并没有因为公约的生效而自行消亡,反而以新的方式和手段继续危害人类和平,人们正面临着前所未有的威胁与挑战。一方面人们仍然受到化学、生物武器的威胁,即使是在公约生效后,有些国家不但没有完全履行公约规定的义务,而且还加强了对化学、生物武器的研究;有的国家还利用现代科学技术,进行种族基因武器研究,甚至很多国家都拥有化学、生物武器或拥有其制造技术和能力。另一方面人们还受到利用化学、生物手段进行恐怖袭击的威胁,由于制造化学毒剂和生物战剂的原料易得,生产技术简便,不少国家或恐怖组织拥有生物战剂和毒剂的制造能力,加之低纯度的制品就可以造成致死的伤害,防范又非常困难,化学、生物战剂很容易被恐怖分子用于非战争领域,进行化学、生物恐怖袭击,从而对平民造成伤害。

　　面对化学、生物武器的威胁以及当前发生的化学、生物武器恐怖袭击,世界各国都强烈地意识到在化学、生物防护的重要性,开始着力构建防护系统,建立专门机构,加强防化学、生物武器防护训练,以应对挑战。本章从化学武器、生物战剂、生化武器的损伤及防护几个方面进行介绍。

3.1 化学武器概述

3.1.1 化学武器定义

战争中,以毒害作用杀伤对方人员、牲畜并毁坏植物、污染环境的化学物质,叫化学毒剂或化学战剂;装有毒剂并能储存、运载、向敌方施放的武器,如炮弹、炸弹、导弹、火箭、飞机等,统称"化学武器"。具体讲它由以下三个部分组成:一是以其直接毒害作用干扰和破坏人体的正常生理功能,造成人员失能、永久伤害或死亡的毒剂(过去也称毒气);二是装填毒剂并把它分散成战斗状态的化学弹药或装置,如钢瓶、毒烟罐、气溶胶发生器、布洒器、炮弹、航弹、火箭弹以及导弹弹头等;三是用以把化学弹药或装置投送到目标区的发射系统或运载工具,如大炮、飞机、火箭、导弹等。1948年联合国安全理事会常规军备委员会通过决议,将化学武器列为大规模杀伤性武器。

将毒物用作武器的历史非常悠久。毒箭可以说是用得最早的染毒武器,开始主要是用于捕猎野兽,后来被用于战争。《三国演义》中关云长刮骨疗毒的著名故事,就描述了毒箭在战争中的使用。但这种武器有着很大的局限性。一是毒物来源有限(大多数是天然毒物);二是毒物只能通过伤口进入机体,一次发射一般只能伤害一个人,而且射程也很短。所以这还算不上是真正的化学武器。

化学武器是近代工业和军事技术发展的产物。化学武器在战争中大规模使用,始于第一次世界大战。1915年4月22日,德军在比利时的伊珀尔地区使用了180t氯气,造成15000人中毒,约5000人死亡,开创了化学武器使用的先例,化学武器的使用对战争的进程和结局产生重要影响。第二次世界大战期间,加强了对毒剂的分散方法及使用技术的研究,使化学武器更具有实战性。第二次世界大战后的局部战争中,也曾多次使用化学武器,造成数万人中毒伤亡。未来战争化学武器威胁仍然不可避免,和平时期利用化学武器进行化学恐怖活动的威胁也在不断升级。

3.1.2 化学武器的分类

按照毒剂形成战斗状态的方式,化学武器可分为爆炸型化学武器、热分散型化学武器和布洒型化学武器三类。

1. 爆炸型化学武器

爆炸型化学武器利用弹中炸药爆炸的能量将装填在弹中的毒剂分散成气态、雾态和液滴态,造成空气和地面染毒。它是化学武器最主要的一种使用方法。有装填毒剂的炮弹、航弹、火箭弹、导弹、地雷等。

毒剂弹的基本结构是:弹体中央有一金属炸管,内装传爆药和高爆炸药柱爆炸药,弹腔内填毒剂。

2. 热分散型化学武器

热分散型化学武器利用其中燃烧剂燃烧时的高温,将固体毒剂加热蒸发成为毒烟,造成空气染毒。热分散型化学武器主要有毒烟手榴弹、毒烟炮弹、毒烟航弹、毒烟罐和毒烟发生器等。

3. 布洒型化学武器

布洒型化学武器利用气体的压力将毒剂从容器中喷出,在空气阻力撞击作用下分散为战斗状态。有航空布洒器、汽车布毒器、手提式布洒器。

化学毒剂按毒理作用可分为五类,包括神经性毒剂、糜烂性毒剂、全身中毒性毒剂、窒息性毒剂和失能性毒剂。

1. 神经性毒剂

神经性毒剂又称有机磷毒剂,通常分为 G 类和 V 类毒剂,含有 P–CN 键或 P–F 键的毒剂为 G 类毒剂,代表物为塔崩、沙林(代号为 GB)和梭曼(代号为 GD);含有 $P-SCH_2CH_2N(R)_2$ 键的为 V 类毒剂,代表物为维埃克斯(代号为 VX),其作用机理主要是抑制生物体内活性物质胆碱酯酶的活性,从而出现神经系统功能的紊乱,是一种剧毒、高效、连杀性致死剂。

2. 糜烂性毒剂

其代表物有芥子气和路易氏气。芥子气,又称硫芥,代号 HD,被称为"毒剂之王",其学名为二氯二乙硫醚($ClCH_2CH_2-S-CH_2CH_2Cl$)。路易氏气被称为"死亡之露",成分为氯乙烯氯胂,化学结构式:$ClCH=CHAsCl_2$,其糜烂作用比芥子气强。以上均通过破坏组织细胞的酶和核酸导致细胞坏死,从而糜烂皮肤和伤害各类器官,引起全身中毒,可致死亡。

3. 全身中毒性毒剂

这类毒剂能抑制体内细胞色素氧化酶,破坏组织细胞氧化功能,使机体不能利用氧的毒剂。主要有氢氰酸(AC)、氯化氰(CK)。

4. 窒息性毒剂

窒息性毒剂主要指刺激呼吸道引起肺水肿,造成窒息的毒剂。主要有光气

(CG)等。

5. 失能性毒剂

失能性毒剂是一类能造成思维和运动感官功能障碍,使人员暂时丧失战斗力的毒剂。主要有毕兹(BZ)等。

此外,刺激性毒剂是一种刺激眼睛、上呼吸道及皮肤,引起大量流泪或剧烈喷嚏的化学战剂。主要有苯氯乙酮(CN)、西埃斯(CS)、亚当氏剂(DM)等。现行《禁止化学武器公约》不再将其列为毒剂而作为抗爆剂使用。

3.1.3 几种典型化学毒剂

1. 神经性毒剂

这类毒剂对脑、膈肌和血液中乙酰胆碱酯酶有强烈的抑制作用,能造成乙酰胆碱在体内过量蓄积,从而引起中枢和外周胆碱能神经系统功能严重紊乱。因其毒性强、作用快,能通过皮肤、黏膜、胃肠道及肺等途径吸收引起全身中毒,加上其性质稳定、生产容易、使用性能良好,因此被称为"现代毒剂之王",是目前外军装备的主要化学毒剂。已报道其军用代号与化学结构的G类和V类化学毒剂见表3-1。

表3-1 已知军用代号的神经性毒剂

代号	名称	化学名称
GA	塔崩	二甲胺基氰磷酸乙酯
GB	沙林	甲氟膦酸异丙酯
GD	梭曼	甲氟膦酸特己酯
GE	乙基沙林	乙氟膦酸异丙酯
GF	环基沙林	甲氟膦酸环己酯
GH	戍基沙林	甲氟膦酸异戍酯
GP(GV)		二甲胺基氟磷酸二乙胺基乙酯
VX	维埃克斯	S-β-二异丙胺基乙基硫赶甲基膦酸乙酯
VE		β,β'-二乙胺基乙基硫赶乙基膦酸乙酯
VG	阿米通	β,β'-二乙胺基乙基硫赶膦酸二乙酯
VM		β,β'-二乙胺基乙基硫赶甲基膦酸乙酯
VR	苏联P-33	β,β'-二乙胺基乙基硫赶甲基膦酸异丁酯
VS		β,β'-二异丙胺基乙基硫赶乙基膦酸乙酯

1) 主要装备的神经性毒剂——沙林

沙林化学名称为甲氟膦酸异丙酯,美军代号 GB,化学式为 $(CH_3)_2CHOOPF(CH_3)$,沙林纯品是无色较易挥发的液体,有微弱水果香味。沙林能与水及多种有机溶剂(如酒精、汽油)互溶,能使水源长期染毒。使用时,呈气雾态,主要使空气染毒,不易被发现,冬季不影响其使用。

沙林主要通过呼吸道进入人体,破坏神经系统的正常功能,使全身各部器官活动失调。中毒后迅速出现瞳孔缩小、视力模糊、呼吸困难、胸闷、恶心、呕吐、流口水、出汗、抽筋、肉跳等症状。若不及时急救,有生命危险。对沙林蒸气戴上面具即能有效防护。但沙林被纤维织物(如服装等)吸附后,在一定条件下,解吸附后,能造成一定的浓度,仍有伤害作用,故人员在离开毒区或进入工事时,都要考虑其解吸附作用所带来的伤害。此外,沙林液滴对人员皮肤也有渗透伤害作用。

2) 难防难治的毒剂——梭曼

梭曼化学名称为甲氟膦酸异己酯,美军代号 GD,化学式为 $C_7H_{15}O_2PF$。

梭曼是苏军装备的主要毒剂。纯品是无色、无味的液体,工业品稍有樟脑味,微溶于水,易溶于有机溶剂和某些毒剂(如芥子气等)。战斗使用时,呈气雾态或液滴态,其伤害持续时间比沙林长,夏季用梭曼航弹造成的染毒区,持续时间可达9h,弹坑附近长达30h。属中等挥发性毒剂。梭曼的毒性比沙林大2~3倍,对皮肤的渗透力比沙林强,除通过呼吸道进入人体外,还易渗透皮肤引起中毒,中毒症状同沙林一样。人员中毒后,其救治、消毒比沙林困难。梭曼的另一特点是中毒作用快且无特效解药,因此有"最难防治的毒剂"之称。对梭曼要进行全身防护。

3) 初露锋芒的神经性毒剂——塔崩

塔崩化学名称为二甲胺基氰磷酸乙酯,美军代号为 GA,化学式为 $C_5H_{11}N_2O_2P$。

塔崩的发现比沙林早,在1936年德国就首先合成并装备了这种毒剂。1945年希特勒垮台时,虽然没有来得及用于战场,但已经生产了12000t。这套生产设施与技术资料被苏联俘获后,1949年在苏联又恢复了生产,被列为苏军的装备毒剂,后来由于沙林的发现,它的作用才有所下降。

纯塔崩是无色有水果香味的液体,易流动。工业品为黄棕色,不纯时或部分分解而生成的氢氰酸有苦杏仁味,浓度高时还有胺味。塔崩可用作持久性或半持久性的毒剂,常温下稳定,特别适用于地面染毒,当使其造成气溶胶状态时,也使空气染毒。

4) 可渗透皮肤的致死毒剂——维埃克斯

维埃克斯化学名称为 S-β-二异丙胺基乙基硫赶甲基膦酸乙酯,美军代号为 VX，化学式为 $C_{11}H_{26}NO_2PS$。

维埃克斯是当前毒性最大的一种毒剂。纯品是无色、无味的油状液体，工业品呈棕黄色、有一种硫醇（臭鸡蛋）气味。在水中溶解度不大，易溶于各种有机溶剂。战斗使用时，呈雾态或液滴态，能使地面、物体表面、水源长期染毒，是典型的持久性毒剂。维埃克斯比沙林的毒性大得多，其皮肤渗透的毒性比沙林大百倍以上。皮肤染毒后，渗透中毒通常有潜伏期，一般为几分钟至几十分钟；呼吸道中毒，潜伏期极短。吸入或接触V类毒剂中毒后，其毒害作用、中毒症状与沙林相似，但症状发展迅速，肉跳、抽筋明显、剧烈。对该类毒剂，要特别重视全身防护并应及时消毒、急救。

2. 糜烂性毒剂

糜烂性毒剂主要以液滴状态造成地面、物体及装备表面染毒，或以气溶胶和蒸气使空气染毒。可通过皮肤、呼吸道、眼及消化道等途径中毒，主要引起局部损伤，并可由上述途径吸收引起全身中毒。液滴态糜烂性毒剂对人的皮肤毒性见表3-2。

表3-2 液滴态糜烂性毒剂对人的皮肤毒性

毒剂名称	染毒密度/(mg·cm^{-2})			致死剂量/(mg·kg^{-1})
	红斑	小水泡	大水泡	
芥子气	0.005~0.01	0.01~0.15	0.2	70~100
路易氏剂	0.05~0.1	0.15~0.2	30	20
氮芥气	>0.01	0.5	1.0~3.0	20

1）恐怖的黄十字——芥子气

芥子气是糜烂性毒剂中最重要的代表物，化学名称为β，β′-二氯二乙硫醚，美军代号为HD，化学式为 $S(CH_2CH_2Cl)_2$。

芥子气纯品是无色油状液体，有大蒜味，工业品为黑褐色。芥子气难溶于水，液滴在水中大部分沉入水底，极少部分漂浮于水面，呈油膜状。易溶于多种有机溶剂。渗透能力较强，能渗透皮肤、服装、皮革、橡胶、木材等。战斗使用时，呈液滴状、气雾状，使地面、空气、物体、水源长时间染毒。芥子气挥发度较小，加入胶黏剂制成胶状芥子气，挥发度更小，伤害作用持续时间可达几天以上。芥子气冬季易凝结成固体，不宜单独使用，苏军常以挥发度较大的路易氏剂与其混合使用。芥子气中毒具有多效性，主要破坏人体的细胞组织。皮肤染毒后，经2~6h潜伏期，染毒处红肿、痒痛、起水泡、溃烂。眼睛中毒后，红肿、怕光；呼吸道中毒后，流鼻涕、咳嗽、声音变哑。芥子气中毒治愈时间较长，但一般不会有生命危险，要注意全身防护。

2) 快速作用的糜烂性毒剂——路易氏剂

路易氏剂化学名称为 β-氯乙烯二氯胂,美军代号为 L,化学式为 $ClC_2H_2AsCl_2$。路易氏剂是无色油状液体,有微弱天竺葵味,工业品为黄褐色。水解后,生成仍有糜烂作用的白色固体,不易渗入皮肤和防护器材,用水冲洗染毒部位有一定的消毒作用。战斗使用时,呈液滴和气雾态,挥发度比芥子气大,易与含磷或其他毒剂混合使用,能造成较高的蒸气浓度。

路易氏剂引起皮肤中毒的毒性比芥子气小。液滴渗入皮肤的速度比芥子气快 3~4 倍。中毒后潜伏期短,皮肤有烧灼疼痛感,红肿明显,容易形成大水泡,内有混浊液体。染毒皮肤出血较多,疼痛剧烈。溃烂比芥子气严重,但愈合快。对路易氏剂也应进行全身防护。

3. 全身中毒性毒剂

此类毒剂具有速杀作用,易透过防毒面具。平时作为化工原料有大量生产和贮存,其来源丰富,战时可直接转化为化学毒剂,目前仍受重视。

1) 剧毒工业原料——氢氰酸

氢氰酸是无色,有苦杏仁味的液体。战斗使用时主要呈气态,使空气染毒,持续时间短,属于典型的暂时性毒剂。高浓度的氢氰酸能穿透防毒面具。它也是苏军主要装备的毒剂之一。氢氰酸通过呼吸道吸入中毒,毒性约为沙林的 1/10。氢氰酸的中毒机制是由于 CN^- 对细胞色素氧化酶具有很高的亲和力,与酶结合后使之失去活性,从而阻断细胞呼吸。氧化型细胞色素氧化酶与 $-CN$ 结合后,便失去传递电子的能力,以至氧不能被利用、氧化磷酸化受阻、三磷酸腺苷合成减少、细胞摄取能量严重不足而窒息。主要破坏人体各部组织细胞的呼吸功能,使全身急性缺氧,中毒后迅速出现口舌发麻、头痛头晕、呼吸困难、眼球突出、瞳孔散大、皮肤黏膜呈鲜红色、强烈抽筋、角弓反张等症状。若不及时急救,有生命危险。一般情况下及时戴上面具即可防护,但在高温高湿高浓度时应注意全身防护。

2) 氢氰酸的孪生体——氯化氰

氯化氰分子式为 $CNCl$,法国在第一次世界大战中首先使用。CNCl 纯品为无色液体,有强烈刺激气味,可溶于水,易溶于醇、醚、汽油等有机溶剂,还可与氢氰酸、芥子气等毒剂互溶,不易被活性炭吸附。其他的性质与氢氰酸非常相似,CNCl 比 HCN 容易水解,加热、加碱可加速水解。在现装备的毒剂中,CNCl 是防毒面具有效防护时间最短的一种毒剂。

4. 窒息性毒剂

1) 经典窒息性毒剂——光气

光气化学名称为二氯化碳酰,美军代号 CG,化学式为 $COCl_2$。光气是英国人于1812年用一氧化碳和氯气在强光作用下首先制得的,1915年被德军首次使用于第一次世界大战。光气为无色气体,沸点7.6℃,贮存和装弹时压缩成液体。稍溶于水,易溶于甲苯、二甲苯、氯苯、卤代烷和煤油中,也能溶于毒剂芥子气和发烟剂四氯化钛等酸性物质中。光气溶于水后迅速水解。

光气和双光气有烂苹果或烂干草味。在常温下很稳定,爆炸时极易蒸发,战斗使用时呈气态,使空气染毒,持续时间短。分解量很少。光气很易水解,不能使水源或含水较多的食物染毒。双光气在冷水中水解慢,完全水解需几小时到一昼夜,加热煮沸可在几分钟内完全水解。光气、双光气与碱作用失去毒性。因此,可用氢氧化钠、氢氧化钙和碳酸钠等碱性溶液或浸以碱性溶液的口罩进行消毒或防毒,氨水也能用于光气的消毒。

2)可穿透窒息性毒剂——全氟异丁烯

全氟异丁烯(PFIB),是一种伤肺性毒剂,化学式为$(CF_3)_2C=CF_2$。常温下为气体,沸点7℃,无色无味,不易发现。毒性约为光气10倍,其毒理作用与光气类似,可造成吸入性肺损伤与肺水肿、窒息死亡。同时,全氟异丁烯是有机氟化工工业中的重要有毒副产物,常有严重工业中毒事故发生。空气中若含百万分之一的全氟异丁烯,吸入后1h内即出现头痛、咳嗽、胸痛、呼吸困难和高热。6~8h症状加剧,8~24h死于肺水肿。

5. 失能性毒剂

1)"猫怕老鼠"的毕兹

毕兹化学名称为二苯羟乙酸-3-奎咛环酯,美军代号BZ,化学式为$C_{21}H_{23}NO_3$。

毕兹是一种无特殊气味的白色或微黄色的结晶粉末。沸点较高,不溶于水,可溶于氯仿、苯等有机溶剂中,微溶于乙醇。毕兹性质稳定,在200℃下加热2h只分解百分之十几。常温下毕兹很难水解,可使水源长期染毒。加热加碱可使水解加速,加压煮沸大部分可水解破坏。毕兹是碱性化学物质,遇酸生成盐,即可溶于水中。因此,毕兹在酸性水溶液中的溶解度较大。

毕兹属抗胆碱能类药物。它含有类似乙酰胆碱的结构,能与胆碱能受体结合形成牢固的"药物-受体"复合物,有效地阻止乙酰胆碱和受体的结合,破坏神经系统的正常生理功能。虽然毕兹与胆碱能受体的结合是可逆的,但由于体内没有能够特征性破坏它的物质,故毕兹在体内代谢较慢需时数天。

2)毕兹的新伙伴EA3834

EA3834的化学名称为苯基异丙基羟乙酸-N-甲基-4-哌啶酯,化学结构与毕兹属于同一类。EA3834是一种淡黄色的黏稠液体,沸点较高,难溶于水。

美军曾研究与一种添加剂(环庚三烯类化合物)配伍使用,可经皮肤和呼吸道吸收中毒,失能作用稍大于毕兹,对人的半数失能剂量为 $0.073\mathrm{mg}\cdot\min\cdot L^{-1}$。

3.1.4 化学武器的伤害形式

1. 毒剂的战斗状态

化学武器使用后,毒剂发挥杀伤作用的状态叫做战斗状态。毒剂的战斗状态有蒸气态、气溶胶态、液滴态和微粉态四种。

(1)蒸气态:毒剂蒸发成气态分散在空气中,造成空气染毒。

(2)气溶胶态:毒剂液体或固体分散在空气中的混合体(雾态、烟态),也就是气溶胶。它不易沉降,能较长时间悬浮于空气中。主要造成空气染毒。

(3)液滴态:分散降落于地面的毒剂细小液珠。毒剂液滴主要造成地面、物体表面染毒,其蒸发出的蒸气也能使空气染毒。

(4)微粉态:分散后既能沉降于地面,又能扬起飘浮于空气中的毒剂细小粉粒。毒剂既能造成地面染毒,又能造成空气染毒。

毒剂施放后,有的是一种战斗状态,有的是几种战斗状态同时存在,而以其中一种状态为主。通常呈气溶胶态、微粉态、液滴态的毒剂,还会蒸发成蒸气态。

2. 化学武器的伤害形式

毒剂的四种战斗状态,构成了化学武器使用后的三种伤害形式,即毒剂初生云、再生云和液滴。毒剂初生云是指化学袭击后直接形成的毒剂云团。是暂时性毒剂的主要伤害形式,一些高沸点毒剂采用气化、雾化技术后也能使其初生云成为主要伤害形式。主要通过呼吸道吸入伤害人员。毒剂再生云是指由染毒地面、物体上的毒剂蒸发形成的毒剂云团。主要通过呼吸道吸入伤害人员。毒剂液滴是指毒剂经爆炸分散或布洒形成的液滴。毒剂液滴粒径通常为 1~4mm。主要造成地面、物体染毒,在一定条件下可蒸发形成毒剂蒸气,造成空气染毒。

3.1.5 化学武器的伤害特点和局限性

1. 化学武器的伤害特点

化学武器具有与常规武器不同的杀伤特点,对军队的战斗行动会产生与常规武器不同的影响,与常规武器比较,化学武器具有以下伤害特点。

1)毒剂种类多、战斗状态多,中毒途径多

常规武器主要靠弹丸、弹片直接杀伤人员,而化学武器则靠毒剂的毒性使人畜中毒,毒剂种类多,能造成空气、地面、物体、水源、食物等染毒。人员吸入染毒空气,皮肤、黏膜(或伤口)接触毒剂液滴,误食染毒的水或食物都会引起中毒。

2)杀伤范围广

一般情况下,化学弹与同口径的普通杀伤弹相比,其伤害范围可大几倍至十几倍。毒剂云团随风传播扩散后,能伤害下风一定距离内的无防护人员,还能渗入不密闭的、无滤毒通风设施的装甲车辆、工事和建筑物内部,沉积、滞留于堑壕和低凹处,伤害隐蔽于其中的有生力量,有较好的空间杀伤效果。

3)持续时间长

常规武器通常只在爆炸或弹丸飞行瞬间有杀伤作用,而化学武器的杀伤作用具有持续性,可延续几分钟、十几分钟、几小时,有的可达几天以上。如沙林毒剂弹爆炸后,染毒空气的杀伤作用时间可持续几分钟到数小时;维埃克斯使地面、物体染毒后,其杀伤作用则可持续几天到几周的时间。

4)威慑作用大

与常规武器相比,化学武器能起到威慑作用,可使部队经常处于精神紧张和恐惧的心理状态。为防敌突然化学袭击,人员时刻处于紧张状态。一旦听到对方炮袭,就马上进行防护,这大大影响部队的士气,削弱战斗力。

2. 化学武器的局限性

化学武器既有其优越性,同时也有其自身的局限性。

1)受气象、地形条件影响

气象条件对化学武器的使用效果影响很大,如风向不利,不便使用;风速过大会将染毒空气迅速吹散,不易造成战斗浓度,高温时,地面毒剂容易挥发扩散,持续时间短;严寒时,某些毒剂会冻结;雨、雪会冲散染毒空气,冲洗毒剂液滴,使某些毒剂水解;下雪会将毒剂液滴暂时掩盖等。因此,有利的气象条件才可以发挥其伤害作用,不利的天气,能使其伤害作用大大降低,有时甚至无法使用。

地形条件对化学武器的使用也有一定的影响,其主要影响毒剂云团传播的方向和扩散的速度。在山谷、凹地和丛林中,染毒空气不易传播和扩散,因而伤害范围小;高地、开阔地、海面,染毒空气扩散快,因而伤害作用的持续时间短。

2)受对方防护素质的影响

对无防护准备或防护水平、防护素质低下的军队,遭受化学武器袭击时,战斗力将基本丧失;而对有防护准备、防护水平、防护训练有素的军队,在发现化学武器袭击后只要能迅速采取防护措施,战斗力损失可大大减少。

3)受毒剂本身性质的限制

有的毒剂沸点低,施放后很快挥发扩散,伤害作用的持续时间很短;有的毒剂凝固点较高,冬季不易使用;有的毒剂水解很快,有的还会被氧化剂或酸、碱破坏而失去毒性。

3.1.6 化学武器对作战行动的影响

1. 对作战力量的影响

对于有防护准备的军队,化学武器袭击较难达到预期目的,杀伤效果会大大减小。无防护准备的军队,遭受一次化学袭击,战斗力将损失50%以上;而有防护准备的军队,在发现毒剂袭击后只要能迅速采取防护措施,战斗力损失则小于15%;因此,做好充分防护准备,并及时有效地防护,是非常必要的。

2. 对作战环境的影响

化学武器可用来突袭远距离战略目标,如机场、交通枢纽、核设施、港口、指挥机构;又是一种重要的战术武器,可对坚固设防但无防护设施的阵地造成大量杀伤。据估算,一个步兵团通过一条纵深为1km左右的芥子气染毒地段,若开辟通路,在预有消毒准备的情况下,一般需要30~40min,尔后才能通过;若等待通过,在全身防护的情况下,通常需要2~4h;若只戴面具不穿防毒衣,则需要36h。

3. 对部队行动的影响

穿戴个人防护装备可使人员行动不便,体力消耗剧增,战斗效能下降。人员穿戴个人防护装备所引起的闷热、呼吸困难、视野变化、动作迟钝等,将使人员的战斗效能明显下降。例如,在染毒地域内从事工程作业时,其作业能力可降低30%~40%;在高温条件下,穿戴防护装备,对作业效能影响更大。在气温30℃的情况下,人员穿戴透气式防护服的持续作业时间为140min左右,若超过上述时间,将使人员产生不同程度的热伤亡。同样,低温条件下着防护装备,也会因视力模糊、冻伤、动作不灵便等影响战斗效能。

为防敌突然化学武器袭击,人员时刻处于紧张状态。一旦遭敌化学武器袭击,短时间内的人员死亡和中毒人员出现的呼吸困难、强烈痉挛、神经错乱、狂暴等异常症状,会使未中毒的人员产生恐惧感。例如在第一次世界大战中,当德军发动化学战后,同盟国军队中大量出现心理伤员,同中毒的人员比例是2∶1,严重影响部队士气。

4. 对作战、后勤和装备保障的影响

在化学条件下作战,既会制约和影响作战保障相关活动,还会使后勤装备保障任务加重。据概略估算,在师防御战斗中,仅防化消耗器材一项重量就达100余吨。

一个加强营遭敌一次持久性化学毒剂袭击时需要替换的装具近千套。师进攻战斗中，主要方向的团若突然遭受化学袭击，在组织防护较好的条件下，总减员也可能达到30%，而其中70%的人需后送治疗。

3.1.7 化学武器的发展趋势

化学武器一直在使用，1935—1941年意大利在侵略埃塞俄比亚战争中的化学战，意大利共使用芥子气415t，光气263t，以及少量刺激剂，共造成埃塞俄比亚军民30余万人中毒死亡。而且还首次使用了飞机布洒器以分散芥子气，大大提高了它的杀伤威力。1937—1945年日本在中国进行的化学战和遗弃在中国的化学武器，化学战贯穿于战争的全过程，使用化学武器的地点遍及中国的18个省、自治区。在化学战中，日军使用了多种毒剂，其中包括刺激剂二苯氰胂、二苯氯胂、苯氯乙酮、氰溴甲苯、窒息性毒剂光气，血液性毒剂氢氰酸，以及皮肤糜烂剂芥子气、路易氏剂等。日军使用的化学弹药主要有毒烟罐、毒剂手榴弹、毒剂炮弹、毒剂炸弹以及毒剂布洒器等。据不完全统计，日军在中国正面战场作战中用毒次数在2000次以上。造成中国军队中毒人数约4.7万人，中毒死亡者在6000人以上。而在敌后战场，中国抗日军民的中毒人数则有3.3万人。当日本宣布无条件投降、仓皇撤退时，又把大量化学武器遗弃在中国的许多地区。日军遗弃的数以百吨计的化学毒剂和数以百万发计的化学弹药至今仍在威胁着许多地区人民的安全和破坏着当地的生态环境。1961—1973年美国在侵略越南的战争中的化学战，曾使用过的毒剂包括超级刺激剂西埃斯，以及包括落叶剂、除莠剂和土壤贫瘠剂在内的"植物杀伤剂"。其中主要使用的橙色剂，是农用除莠剂2,4-D和2,4,5-T的混合物，能渗入植物叶片的蜡质层，破坏植物生长，使之在1至数周内落叶。美军使用植物杀伤剂的目的：一是破坏当地的农作物，以减少游击队的粮食供应，从而影响其生存；二是使天然密林的树叶脱落，破坏游击队的隐蔽条件，有利于美军空中和地面的作战行动。根据美国官方显然缩小了的统计数字，美军在越战期间为采购植物杀伤剂共支出约1.12亿美元，共使用各种植物杀伤剂约78000t。始于1980年9月且持续10年之久两伊战争中的化学战，在两伊战争中伊拉克共使用化学武器421次，仅据其中100次的统计，伊朗方面共有44418人中毒。根据联合国调查小组的多次调查证实，伊拉克主要使用了糜烂性毒剂芥子气和神经性毒剂塔崩。而据伊朗的指控和其他有关资料，伊拉克可能还使用了乙基沙林、维埃克斯、路易氏剂和氢氰酸等。伊拉克使用的化学武器弹药主要有各种飞机投掷的毒剂炸弹，飞机布洒器，120mm、

122mm、130mm 火炮毒剂弹和 120mm、160mm 迫击炮毒剂弹。

《禁止化学武器公约》虽已签署,但化学战的威胁并未消除,某些国家还会以"防护目的、医疗目的"为掩护,去研究和发展新的毒剂。而新军事革命发展至今天的信息化时代,单一的传统化学能武器已经不能满足新形势下的军事斗争需求,而原子能武器的巨大杀伤力、持续影响多年的辐射和伦理冲突,也使其不能随意被使用。

化学武器的发展趋势有以下几方面:

1. 发展更先进的化学武器技术

1993 年 1 月 13 日签订的全面禁止、彻底消毁化学武器的国际公约,规定了严格的核查制度,将对化学武器的研制和生产产生极大的约束力。故化学武器的发展会更加隐蔽和秘密,因此,发展先进的化学武器技术,可能成为今后化学武器发展的重要趋势。它既不受《禁止化学武器公约》的限制,又能节省大量人力,在一旦需要时迅速转化为现实的化学武器生产能力。

2. 研制具有新特征的新一代化生战剂谱系

一是寻找比现有神经性毒剂毒性更大、作用更快的毒剂,使防者来不及防护,吸入少量毒剂即可致死;二是研制具有作用机制特殊、多种中毒途径、渗透性更强的毒剂,能使现存防护器材失去有效的防护作用;三是寻找能很快使人员失去作战能力,而又不致死,不破坏武器装备和工程建筑的新型失能剂,这是美国新战略计划——非致死性战争——非常需要的一种技术。

3. 高效分散、合成、检测技术与武器化技术

有效分散一直是生化战剂使用的关键技术问题,由于高效分散、合成、检测技术等相关科技的进步,已可为生化战剂提供多种重要的新使用方式,有重要意义的技术包括非爆炸型气溶胶分散技术、微包胶技术、超细分散技术等。其中,微包胶技术,是指在某种液体、固体、气体物质的微粒外面包上一层薄膜,形成一种微小胶囊。微包胶技术可提高毒剂的稳定性,减少毒剂在分散过程中的损失,增强毒剂的使用效能,对毒剂的侦检、防护、洗消、救治带来严重影响和困难,还可使在战术技术上不适宜作为军用毒剂的物质,成为可用的毒剂。

4. 解决化学武器生产、贮存运输、使用等过程中存在的问题

一是继续发展、改进和完善二元化学武器;二是使化学弹药子母化、集束化、提高毒剂有效利用率,使其能够在使用后均匀地分散在使用空间范围内,扩大染毒范围,以达到大面积、高效能的杀伤效果;三是开发与高技术兵器结合的武器施放系统。

3.2 生物战剂

3.2.1 生物战剂概述

1. 概念

生物武器旧称细菌武器,包括生物战剂、生物弹药和运载工具三大部分,其中最关键的就是用来杀伤人员、牲畜和毁坏农作物的各种致病微生物、细菌、毒素及其他具有生物活性的物质,即"生物战剂"。

2. 生物战剂的分类

(1)根据生物战剂对人的危害程度,可分为致死性战剂和失能性战剂。致死性战剂的病死率在10%以上,甚至达到50%~90%。主要有炭疽杆菌、霍乱弧菌、野兔热杆菌、伤寒杆菌、天花病毒、黄热病毒、东方马脑炎病毒、西方马脑炎病毒、斑疹伤寒立克次体、肉毒杆菌毒素等;失能性战剂的病死率在10%以下,如布鲁氏杆菌、Q热立克次体、委内瑞拉马脑炎病毒等。

(2)根据生物战剂的形态和病理可分为细菌类生物战剂、病毒类生物战剂、立克次体类生物战剂、衣原体类生物战剂、毒素类生物战剂、真菌类生物战剂。

细菌类生物战剂主要有炭疽杆菌、鼠疫杆菌、霍乱弧菌、野兔热杆菌、布氏杆菌等。病毒类生物战剂主要有黄热病毒、委内瑞拉马脑炎病毒、天花病毒等。立克次体类生物战剂主要有流行性斑疹伤寒立克次体、Q热立克次体等。衣原体类生物战剂主要有鸟疫衣原体。毒素类生物战剂主要有肉毒杆菌毒素、葡萄球菌肠毒素等。真菌类生物战剂主要有粗球孢子菌、荚膜组织胞浆菌等。

(3)根据生物战剂有无传染性可分为传染性生物战剂和非传染性生物战剂。传染性生物战剂如天花病毒、流感病毒、鼠疫杆菌和霍乱弧菌等;非传染性生物战剂如土拉杆菌、肉毒杆菌毒素等。

3. 生物战剂的主要危害

(1)致病传染快。只要有极少数量生物战剂进入人体或牲畜体内,就会快速、大量繁殖。

(2)杀伤面积大。多数生物战剂都能广泛散开、四处飘荡、沾染渗透,能够造成人员、牲畜大量伤亡和植物被毁。

(3)持续时间长。有些生物战剂的危害时间可长达数周、数月甚至数年,有的能够在昆虫体内长期存活甚至传代,造成较长时间的持续传染。

(4)发现、防护难。人员、动物和植物的沾染、感染,并非瞬间同时发生。感染初期有时无明显症状,而检验鉴定又有难度,所以难以全面发现、及时防护。

4. 生物战剂的入侵途径

生物战剂侵入人体的途径,主要是通过吸入毒气、误食毒物、接触毒物、昆虫叮咬四个方面。

3.2.2 生物战剂的发展

1. 历史过程

从古至今,生物武器在军事上的运用可以分为三个阶段,第一阶段是实践经验性生物武器的运用,主要有两种形式,一种是在武器上涂抹动植物毒素,比如毒匕首、毒箭等,以此来增加武器的杀伤力。另一种是用动植物毒素污染水源,或者抛投带病菌的动物或人的尸体等,利用毒素或者病菌对敌方进行污染或者打击。14世纪发生的蒙古军队爆发鼠疫,最终瘟疫传遍了整个欧洲,形成世界鼠疫大流行,欧洲人称之为"黑死病"。19世纪,以法国微生物学家路易斯·巴斯德和德国微生物学家罗伯特·科赫为代表的科学研究者们创立了微生物学。自此之后,人类拥有了更强大的识别和操控病原体的能力。第二阶段是两次世界大战期间,由于战争的需要,生物武器的运用有着极为迅速的发展,德国是20世纪第一个发动生物战的国家。纳粹德国在囚犯身上开展实验,针对立克次氏体、甲型肝炎病毒或疟原虫等病原的影响进行了研究。英国、法国和美国声称为了应对德国,也要在本国开展生物武器研究。1942年,美国战争研究服务机构成立,对可批量生产的致命细菌开展研究。后来,军方还在马里兰州建立了生产设施和测试场所,这里就是德特里克堡生物实验室,即今天的美国生化武器研究基地——陆军传染病医学研究所。1942年和1943年,英国人也在苏格兰西北海岸试验了炭疽炸弹。在第二次世界大战中,最为臭名昭著的生物武器研究当属日本731部队在中国东北等地的暴行。有史学家指出,早在1930年,日本激进民族主义者石井四郎等就已经在东京陆军医学院开始研究。1939年,日本人曾通过合法或非法途径在纽约的洛克菲勒研究所获得黄热病病毒。第二次世界大战期间,731部队在中国、苏联、朝鲜等国平民和战俘身上进行人体实验,日军还曾在中国投放生物武器杀害平民。第三阶段是第二次世界大战结束后,联合国呼吁消除一切"具有大规模毁灭性的武器",但各国对此莫衷一是。生物武器研发也远没有随着战争结束而结束,在一些国家反而有升级的态势。现代生物技术与其他学科融合发展而成的生物交叉技术,将为武器装备、作战方式和军事理论实现突破提供新的动力,带来不一样的未来战争形式。

2. 生物交叉技术的军事特征

生物交叉技术在军事上主要有三个特征:

(1)增强战争可控性。生物交叉技术的发展直接增强了战斗时的可控性。脑—机接口技术、生物计算机技术、基因工程技术等带来的生物作战可以针对战略全局、种族、某些个体,或帮助战士能更灵活更全面地操纵武器装备。

(2)致伤的超微性。现代生物技术攻击不再只是从宏观空间进行,在生命微观空间开辟了新型战场。从分子层面攻击目标,通过影响目标的基因或者蛋白质结构、功能造成人体的特定功能障碍,产生损伤效应。难以侦察和预知,具有强大的隐蔽性和作战效果。

(3)伤害的可恢复性。在对个体的某些功能进行精确杀伤后,为其提供相关的恢复方法或措施,达到伤害的可恢复性。

3.3 生化武器的损伤及防护

个人对生化武器的防护行动,主要包括及时发现生化武器袭击征候或接到生化袭击警报时迅速采取正确的防护措施。同时,又能在防护状态下继续执行战斗任务。

3.3.1 发现

及时发现生化武器袭击情况,是做好防护的重要前提,指战员均应熟悉各种生化观察方法,及时发现敌人用毒征候。

1. 从生化袭击时的征候判断

1)听

毒剂弹爆炸时与一般杀伤弹炸声有别,通常较低沉,爆震感较弱,有时有异常的啸音。

2)看

毒剂弹爆炸后出现浓密的烟雾团,持续时间长,没有明显的地面抛起物,烟雾团向下风方向飘移较远;弹片较大并可能有油状物,弹片内壁一般涂漆,有的弹片留有残存标志。弹坑浅小,弹坑及周围(30min 内)有时有潮湿现象或明显的细小油状液滴,有时在水面上有"油花""油膜"。当毒烟攻击时,常有浓密的带色烟团,持续时间一般为几分钟至十几分钟。当空中布撒毒剂时,飞机一般作低空慢速飞行,机尾(翼)后出现有色线条,有时呈毛毛雨状液滴。除应通过对生化毒剂袭击的征候进行观察发现外,还应特别注意发现敌生化毒剂袭击或防护准备的征候,以便预先发现敌袭击的企图,及早作好各种准备。

3) 嗅

多数毒剂都有其特殊的气味,沙林等含磷毒剂的毒性大、气味小、嗅到气味后迅速防护可以减轻伤害。几种毒剂的嗅味及可嗅浓度如表3-3所列。

表3-3 几种毒剂的嗅味及可嗅浓度

毒剂	气味	嗅觉感应浓度/($\mu g \cdot L^{-1}$)	毒剂	气味	嗅觉感应浓度/($\mu g \cdot L^{-1}$)
沙林	微弱苹果香味	5	光气	烂干草味	4
氢氟酸	苦杏仁味	1	芥子气	大蒜味	1.3
氯化氰	刺激味	2.5	路易氏剂	天竺葵味	14

战场情况复杂多变,火炮的口径、航弹的型号、使用数量、遭袭区地形、声响、颜色、气味、烟雾等多种因素影响,使生化毒剂袭击与一般的空袭、炮袭难以区别,故要听、看、嗅以及其他多种手段相互结合,综合分析,方能及时、准确地判断。

2. 从小动物、昆虫的异常现象判断

一般小动物和昆虫对速杀性毒剂比较敏感,中毒反应快,出现症状或相继死亡。如蜂、蝇、蝴蝶等昆虫,中毒时,从飞行不稳到落地挣扎抖翅。鸡、兔、狗等中毒时,先后出现眨眼、瞳孔散大或缩小、流口水、站立不稳、呼吸困难、抽筋等症状。水源染毒时,鱼、蚂蝗出现活动加快、乱跳乱爬,尔后活动困难等现象。

3. 从植物、地面各种物体染毒特征判断

毒剂液滴落在植物上,有时能见到油状液滴或有色斑痕,并逐渐枯萎卷缩。有些花朵颜色会发生变化。

毒剂液滴在土砂质地面、雪地和砖块、木材、布料等物体上,渗透很快,染毒后短时间内能发现油斑痕迹,细小孔洞或白霜状微粒;毒剂液滴在石块、水泥地面和金属、玻璃等光滑坚硬的物体上,难以渗透,但液滴向四周扩散,常温下较长时间仍能发现油状液滴或痕迹。

4. 从人员中毒症状判断

敌人突然使用生化毒剂武器后,遭到袭击的区域总会有少数人员首先出现中毒症状。由于毒剂的毒性不同,人员中毒后的症状也各有特点。例如:人员吸入神经性毒剂后,出现瞳孔缩小、流口水、出汗、抽搐;吸入全身中毒性毒剂后,出现瞳孔散大、皮肤鲜红、强烈抽筋等。

上述发现方法,对迅速发现敌人生化毒剂袭击有一定作用。但只有把对各种征候综合判断,与生化毒剂侦察器材的侦检结果结合起来,才能得到正确结论。

3.3.2 防护

为了避免或减少敌生化毒剂武器的杀伤,战斗中个人应充分做好防护准备,使个人防护器材处于良好状态,携带的防护器材要便于使用和不影响战斗行动。

1. 防护时机

一是接到生化毒剂袭击警报、听到指挥员口令时;二是发现可疑征候时,如出现可疑的烟雾、液滴或气味;三是无明显原因,人员出现刺激、视觉模糊、呼吸困难等症状;四是突然遭敌炮火袭击和飞机轰炸,明显不同于常规弹药袭击。

2. 防护动作

(1)利用器材防护。遭敌生化毒剂袭击时,要迅速对呼吸道和眼睛进行防护,戴好防毒面具。当敌机布洒毒剂,毒剂炮、炸弹爆后有飞溅的液滴或飘移的气雾时,还要迅速进行全身防护,披上防毒斗篷或雨衣、塑料布等,同时应防止毒剂液滴溅落在随身携带的装具和武器上。防护时应利用没有染毒的位置,穿好防毒靴套或就便包裹腿脚的器材,戴好防毒手套,继续执行战斗任务。

(2)利用工事防护。情况允许时,除值班人员外,应立即进入掩蔽工事,关闭密闭门或放下防毒门帘。利用有防护设施的工事防护时,应根据指挥员的命令有组织地进行,不得随意出入。在没有密闭设施的工事内,要戴防毒面具防护;遭受持久性毒剂袭击时,离开工事前要进行全身防护。

(3)通过染毒地域时的防护。个人在徒步通过染毒地域前应在指挥员组织下充分做好防护准备,到达染毒前界时,应利用地形迅速穿戴防护器材,其动作顺序是:

戴好防毒面具→穿好防毒靴套(或利用就便器材包裹腿脚或扎好裤口)→穿好防毒斗篷或雨衣(为便于持枪,斗篷可扣第一、二两个扣子)→戴好防毒手套→整理和相互检查防护是否严密和便于行动。

(4)直接通过染毒地域时,根据敌情和地形情况,应选择地质坚硬,植物层低、少的道路,尽量避开弹坑、泥泞、松软和有明显液滴的地点。情况允许,可适当拉开距离,大步行进,快速通过。乘车时,应加大行军速度快速通过。通过后应根据指挥员的指示或利用战斗间隙,检查染毒情况,对人员、服装、武器的染毒部位进行消毒,脱去防护器材,顺序是:

背风而立,将武器装备放置下风2~3步处脱去斗篷或雨衣,将染毒面向内折叠放于下风方向,先脱去一只手套,取出皮肤消毒液,戴好手套,按次序消毒,消毒后的武器、器材放在上风(或侧风)处处理消毒物,对手套消毒,脱去防毒靴套(或解除包裹腿脚器材)、防毒手套,最后脱去防毒面具。

解除防护的要求:一是注意利用风向。通常已消毒物品放在上风清洁位置,未消毒的物品放在下风位置;二是防止扩大染毒面积和再受染。对无法消毒或消毒不彻底的器材,应集中待后处理。

3.3.3 救护

受生化毒剂袭击停止后,对中毒者应立即进行自救、互救,在下达解除防护命令前,不得脱去防毒面具。当发现人员中毒且无法判明毒剂种类时,应按毒性大、致死速度快的毒剂中毒急救。通常在肌肉注射解磷针的同时,鼻吸亚硝酸异戊酯,对呼吸困难或心跳停止者,在毒区内用举臂压胸或仰卧压胸法进行人工呼吸或胸外心脏按摩。情况允许应将中毒者撤离毒区后送救治。

神经性毒剂是速杀性毒剂,对其必须采取有效预防和及时急救措施。

1. 药物预防

在判断可能遭受神经性毒剂袭击或通过神经性毒剂染毒地域时,根据指挥员命令,提前服用神经性毒剂预防药。

2. 急救方法

首先戴上面具,立即肌肉注射解磷针(互救时对呼吸困难者进行人工呼吸);对染毒皮肤及时消毒,脱去或剪掉染毒部位的衣服。注射一支解磷针后10~20min症状如未缓解,再注射第二支。

3. 对糜烂性毒剂中毒后的急救行动

糜烂性毒剂主要是通过皮肤染毒引起伤害,同时也能引起眼睛、呼吸道、消化道黏膜组织损伤。糜烂性毒剂中毒后,主要是彻底进行消毒,具体方法见对人员的消毒,如出现全身中毒症状应及时护送治疗。

4. 对全身中毒性毒剂中毒后的急救行动

全身中毒性毒剂也是速杀性毒剂,中毒后必须及时急救。迅速注射一支抗氰自动注射针或捏破亚硝酸异戊酯安瓿瓶,放在鼻前吸入(戴面具者,则将捏破的安瓿塞入面罩内)。如症状不见消失,可每隔4~5min再次使用,但连续使用不超过6支;互救时对呼吸困难者还应进行人工呼吸,症状缓解后,立即后送治疗。

5. 对窒息性毒剂中毒后的急救行动

对窒息性毒剂的中毒人员,应在中毒早期口服或注射乌罗托品。并用2%碳酸氢钠水溶液或大量清水冲洗眼睛、漱口。胸骨后疼痛,吸入抗烟剂;剧烈咳嗽,口服可待因;注意减少体力消耗、保暖,严禁做压胸法人工呼吸(可做口对口人工呼吸)。

6. 对失能性毒剂中毒后的急救行动

首先给中毒者佩戴防毒面具,用肥皂水或清水冲洗染毒皮肤;肌肉注射解毕灵10~20mg,以后间隔3~4h重复注射;天气炎热时,应给中毒者通风、降温。

3.3.4 消毒

消毒分局部和全部消毒两种。局部消毒利用战斗间隙进行,全部消毒通常在战斗结束后实施。消毒时,按先人员、服装装具、后武器装备顺序进行。对V类、胶状毒剂消毒时,除增加消毒剂消耗量和消毒次数外,亦可采取消毒和刮除结合的方法。

人员染毒后须进行尽快消毒,尤其是神经性毒剂和糜烂性毒剂,消毒越早效果越好。

1. 皮肤的消毒

对皮肤消毒,可按吸、消、洗顺序实施。

吸:取出并打开防护盒。拿出纱布叠成尖角,用纱布尖角轻轻吸掉皮肤上的毒剂液滴(切勿来回擦拭,以免扩大染毒范围),将染毒纱布置在下风位置。消:取出皮肤消毒粉剂手套,戴在手上,对染毒部位由外向里进行擦拭。擦拭一次后,翻动手套,重复消毒2~3次。将消毒过的手套置于染毒纱布处。洗:数分钟后,用纱布或毛巾等浸上干净水,将皮肤消毒部擦净。无水时,也可用干纱布擦拭。

消毒完毕,将染毒纱布集中深埋。无防护盒时,应迅速用棉花、布块、纸片、干土等将明显毒剂液滴吸去,用肥皂水、洗衣粉水、草木灰水、碱水、清水等冲洗或用汽油、煤油、酒精等擦拭染毒部位也有一定效果。

2. 眼睛和面部的消毒

①取出水壶并把盖打开;②取出皮肤消毒液和纱布块;③深呼吸,屏住气,脱

掉面具;④立刻用水冲洗眼睛(方法是把脸转向侧面,用手指撑开眼睑,将水慢慢滴入眼内,使水从脸的另一侧流掉,以防扩大染毒面积。冲洗时要停止呼吸闭住嘴,防止流入口鼻);⑤用皮肤消毒粉剂手套,对面部和面罩进行消毒;⑥戴好面具,恢复呼吸(如在毒区外实施消毒,则无须继续防护)。整个消毒过程通常一次停止呼吸难以完成,可分为几次进行,亦可互相协助进行。

3. 伤口的消毒

伤口消毒时,必须立即用纱布将伤口内的毒剂液滴轻轻吸掉。肢体部位负伤,应在其上端扎止血带或其他代用品。用大量净水反复冲洗伤口,然后进行包扎。

4. 呼吸道的消毒

离开毒区后,应立即用2%的小苏打水或清水嗽口和清洗鼻腔。

5. 消化道的处理

立即用手指刺激舌根反复呕吐。必要时用2%的小苏打水或肥皂水洗胃。

6. 对服装装具的消毒

服装装具染毒后,可用防护盒内的消毒粉剂手套或其他消毒液消毒。在战斗紧迫,无法消毒时,可将服装装具上的染毒部位用小刀割除,染毒严重时应脱下或卸下服装装具。

(1)擦拭法:用消毒粉剂手套对服装染毒部位擦拭2~3min。

(2)洗涤法:用肥皂、洗衣粉、苏打、草木灰等水溶液洗涤染毒的服装装具,然后用清水冲洗。

(3)煮沸法:把服装装具放于水中煮沸1~2h,为加速毒剂的水解和中和毒剂水解后产生的酸性物质,煮沸时可加些碱或肥皂,然后用清水冲洗。

(4)自然消毒法:把染毒的服装装具放在通风的地方,利用风吹日晒,使毒剂蒸发、消散而达到消毒的目的。毒剂蒸气染毒的服装,通风日晒3~4h即可,毒剂液滴染毒的服装,夏季一般需要2~3天,冬季时间更长。

7. 对个人武器装备的消毒

武器装备由金属、木质、橡胶、塑料、皮革、玻璃等多种材料制成。这些材料的性质不同,染毒的情况也不同。凡是坚硬的材料,只需表面消毒,就能消毒彻底。凡是松软的材料,需要对深层消毒,不易消毒彻底。因此,在消毒时,应根据不同的材料,确定消毒液的用量和消毒次数。

1)擦拭法

用纱布、毛刷等蘸1:8的三合二澄清液、1:4的漂白粉澄清液或其他消毒液,对武器装备的染毒部位进行擦拭消毒。此法简单,是对小型武器装备全部消毒和对大型武器装备、技术装备局部消毒的基本方法。消毒时,按自上而下,由前至后,由外向里,分段逐面的顺序,先吸去明显毒剂液滴,然后用消毒液擦拭2~3次,对人员经常接触的部位及缝隙、沟槽和污垢较多的部位,用铁丝或细木棍等缠上棉花或布片,蘸消毒液擦拭。消毒10~15min后,用清水冲洗,并擦干上油。

2）溶洗法

利用汽油、煤油、酒精等有机溶剂,将武器装备表面上的毒剂溶解擦洗掉。主要用来对精密仪器和小型武器装备消毒。消毒时,先用纱布、棉花蘸上溶剂有顺序地擦拭染毒表面,后用干布或棉纱将溶液和毒剂一起从染毒表面上擦掉,反复擦拭4~5次,对使用后的溶剂或纱布等应掩埋。

习　题

1. 什么是化学武器,化学武器有什么特点？
2. 什么是生物武器,生物武器有什么特点？
3. 化学武器分为哪些类别,如何防护？
4. 如何发现生化武器？如何进行防护？

第 4 章
核化学与核武器

自 1938 年德国科学家哈恩发现中子能引起铀核裂变之后,人类就走上了将核能用于工业生产和核武器制造的道路。1945 年 7 月,美国进行了第一次核爆炸试验,此后,苏联、英国、法国和我国都相继成功地研制出了核武器。核化学与放射化学是核燃料循环领域发展的基础学科和创新源头,同位素分离与生产是制造原子弹的基础。核武器是利用能自持进行的核裂变或聚变反应瞬时释放的巨大能量,产生爆炸作用,并具有大规模杀伤破坏效应的武器的总称,包括原子弹、氢弹和中子弹等。核武器威力的大小,用 TNT 当量(简称当量)表示,按当量大小分为千吨级、万吨级、十万吨级、百万吨级和千万吨级。当量是指核武器爆炸时放出的能量相当于多少质量的 TNT 炸药爆炸时放出的能量。核武器可制成弹头,装在火箭上射向目标,可以从陆上发射或从水面舰艇发射,也可以由舰艇在水下发射。核武器还可以制成炸弹由飞机空投,制成炮弹由火炮发射,或者制成地雷、鱼雷等。未来即将进入第四代核武器时代,可以利用超激光、强 X 射线、磁压缩、反物质等前沿技术对触发装置进行改进,并激发核聚变的新一代核武器。本章从核化学基础、核化学与放射化学、核武器与核反应、核武器损伤与防护、核燃料的浓缩与核废料的处理五个部分对核化学与核武器进行讲述。

4.1 核化学

4.1.1 原子核及核反应

1. 原子核

原子核是原子的核心,它集中了原子的全部正电荷和几乎全部质量,原子核的性质必然对原子的性质产生明显的影响。原子核由质子和中子组成。同一元素的原子核里,质子数相同而中子数可以不同。这种质子数相同而中子数不同的各原子互称同位素。同位素质子数和中子数之和叫质量数。同位素可用符号表示:M 的左上角质量数,下角质子数。如 $^{4}_{2}He$。同一元素可以有许多种同位素,它们的化学性质相同,但核性质不同。如氢的三种同位素:$_1^1H(P)$、$_1^2H(D)$、$_1^3H(T)$,前两种同位素是稳定的,称为稳定同位素,后者不稳定,它可以自发地从原子核放出 β 射线,变成氦的同位素,

$$_1^3H(T) \rightarrow _2^3He + _{-1}^0e(电子流,称为 β 射线) \quad (4-1)$$

这种自发地放射出射线的性质,称为放射性。具有放射性同位素称为放射性同位素,放射性同位素的这种自发地发生核结构的改变的过程称为核衰变或放射性衰变,式(4-1)即为核反应方程式,书写核反应方程式需要配平两边的质量数和核质子数。

核反应是由具有一定能量的粒子(包括原子核)或 γ 射线轰击原子核(常称靶核),使靶核的组成或能量状态发生变化,并放出粒子(包括原子核)或 γ 射线。因此,原子核的性质及其在核反应中的转变过程在核武器的基础理论研究中是非常重要的。

卢瑟福(E. Rutherford)的散射实验建立的原子有核模型认为,原子是由带正电荷 $+Ze$ 的核与核外 Z 个电子组成。原子序数 Z 也称为核电荷数。

查德威克(J. Chadwick)在 1932 年发现了中子,揭示出原子核中不但有质子,还有中子,即原子核由质子和中子组成,原子核电荷数就是核中的质子数。

1) 原子核的质量

原子核的体积很小,但几乎集中了原子的全部质量。在一般的核数据表中只标明原子质量。原子质量等于原子核的质量加上核外全部电子的质量,再减去与电子在原子中结合能相当的质量,所以原子核的质量可以表示为

$$m_N = m_a - Zm_e + \sum_{n=1}^{Z} \frac{\varepsilon_n}{c^2} \quad (4-2)$$

式中:m_N 为原子核的质量(kg);m_a 为原子的质量(kg);m_e 为电子的质量(kg);c 为真空中的光速,$c = 2.9979 \times 10^8 km \cdot s^{-1}$;$\varepsilon_n$ 为第 n 个电子的结合能(J)。

根据式(4-2)可以算出原子核的质量。在实际工作中,由于利用一般的试验方法测出的都是原子的质量,在一般核数据表中,通常给出的不是原子核的质量而是原子的质量。故实际工作中可近似计算,忽略与核外全部电子结合能相联系的质量。

2) 原子核的大小

关于原子核的大小,目前有两种理解:一种是核物质或核电荷的分布范围;另一种是核力的作用范围。这两种理解差别不大。由于原子核很小,无法直接观察。目前,表示原子核大小的数据都是通过实验间接测得的。测量方法:α 粒子的核散射以及电子的核散射。各种实验结果表明,原子核在一般情况下是接

近球形的,故通常用核半径来描述原子核的大小。由实验得知,在原子核内部物质密度不是处处相等的。在核的中间部分密度基本上是一个常数 ρ,在核的表层密度逐渐下降到零。核半径就是指由核中心至密度降为 ρ 的一半处的距离。

3) 原子核的质量亏损和结合能

如果把原子核的质量与构成原子核的核子(Z 个质子和 N 个中子)的静止质量总和加以比较,发现原子核的质量都小于组成它的核子质量之和,这个差值称为原子核的质量亏损,用符号 B 表示,则原子核的质量亏损为

$$B = Zm_p + Nm_n - m_a \tag{4-3}$$

式中:B 为质量亏损(u,原子质量单位,1u 等于 ^{12}C 原子质量的 1/12);m_p、m_n、m_a 分别为质子、中子和 $^A_Z X$ 原子核的质量(u)。

与质量亏损 B 相联系的能量,表示这些处于自由状态的单个核子结合成原子核时所释放的能量,这个能量称为原子核的结合能,用符号 E_B 表示,单位为 J 或 eV。

E_B 的定义为

$$E_B = (Zm_p + Nm_n - m_a)c^2 \tag{4-4}$$

E_B 也可理解为:如果将构成原子核的所有核子分离成自由状态的核子,外界必须做数量等于 E_B 能量的功。

4) 核力

原子核由中子和质子构成,中子不带电,质子带一个单位的正电荷,质子间存在着库仑斥力,那么,是一种什么力把中子和质子结合在一起的呢?通过实验观察和理论计算表明,在两个核子间的万有引力势能约为 3×10^{-36} MeV,质子间的平均静电势能为 1MeV 左右,质子与中子间的磁作用势能只有 0.03MeV。但是在原子核中,核子的平均结合能一般为 8MeV 左右。这说明,核子之间还存在着一种很强的短程力,人们把使核子(质子和中子)之间紧密结合的这种强相互作用力称为核力。尽管目前对核力的本质还不完全清楚,但对它的基本性质还是有所了解的。核力具有下列主要性质:

(1) 核力作用力程(距离)极短,仅为飞米(fm,$1fm = 10^{-15}$ m)量级,核力比电磁力大 100 多倍;但当力程超过 4~5fm 时,核力便消失了。

(2) 质子-质子、中子-中子以及中子-质子之间的核力近似相等,即核力与电荷无关。

(3) 核力是具有饱和性的交换力。

(4) 核力与自旋有关,含有非有心力性质的张量力。

2. 原子核的转变

1）核衰变

衰变亦称"蜕变",不稳定原子核自发放射出某些粒子后变为另一种核或能量较低核的过程称为核衰变。例如,某些核素的原子核自发地放出 α、β 等粒子而转变成另一种核素的原子核,或是原子核从它的激发态跃迁到基态时,放出光子（γ 线）,这些过程都是核衰变。如镭放出 α 射线。放射性衰变通常都有一定的周期,并且一般不因物理或化学环境而改变,这也就是放射性可用于确定年代的原因。由于一个原子的衰变是自然地发生,即不能预知何时会发生,因此会以概率来表示。假设每颗原子衰变的概率大致相同,例如半衰期为 1h 的原子,1h 后其未衰变的原子会剩下原来的 1/2,2h 后会是 1/4,3h 后会是 1/8。

原子的某些衰变会产生出另一种元素,并会放出 α 粒子、β 粒子或中微子,在发生衰变后,该原子也会释出 γ 射线。衰变后的实物粒子静止质量的总和会少于衰变前实物粒子静止质量的总和,根据质能方程,能量可以表现出质量。当物体的能量增加 E,其质量则增加 E/c^2,当物体的能量减少 E,其质量也减少 E/c^2,如果一个原子核衰变后放出实物粒子,假设该原子核在衰变前相对于某惯性参照物静止,衰变后的新原子核和所放出的实物粒子相对于该惯性参照物运动,即对于该惯性参照物而言,新原子核和所放出的实物粒子具有动能,当新原子核或所放出的实物粒子与其他粒子发生碰撞,它便会失去能量。因此,衰变前和衰变后质量和能量都是守恒的,粒子的静止质量则不守恒。如果该原子核放出光子,同样的,光子也具有质量,但没有静止质量。通常衰变所产生的产物多也是带放射性,因此会有一连串的衰变过程,直至该原子衰变至稳定的同位素。发生核衰变的放射性元素有的是在自然界中出现的天然放射性同位素,如碳 14,但其衰变只会经过一次 β 衰变转为氮 14 原子,并不会一连串地发生。也有很多是经过粒子对撞等方法人工制造的元素。

2）核衰变类型

（1）α 衰变。不稳定的原子核放射 α 粒子而变成另一种核素的原子核的过程为 α 衰变。α 粒子就是高速运动的氦原子核。α 粒子由 2 个质子和 2 个中子组成,所带正电荷为 $2e$,其质量为氦核的质量。通常把衰变前的核称为母核,衰变后的核称为子核。放射性核素的原子核发生 α 衰变后形成的子核较母核的原子序数（即核电荷数）减少 2,在周期表上前移 2 位（左移法则）,而质量数较母核减少 4,可用下式表示。

$$_{Z}^{A}X \rightarrow _{Z-2}^{A-2}Y + \alpha + Q_\alpha \tag{4-5}$$

式中：Q_α 为子核与 α 粒子动能,即衰变过程中释放的能量,称为衰变能。

α衰变是重元素原子核的特点,发生α衰变的天然放射性核素绝大部分属于原子序数$Z>82$的核素。

(2) β衰变。不稳定的原子核自发耗散过剩能量,转变为电荷改变(增加或减少)一个单位,而质量数未变的过程称为β衰变。β衰变分为三种类型,即β^-衰变、β^+衰变和E_C衰变(轨道电子俘获)。

β^-衰变过程中,从核内放射出一个负电子e^-和一个反中微子$\bar{\nu}$,子核的核电荷增加一个单位。

β^+衰变过程中,发射一个正电子e^+和一个中微子$\bar{\nu}$,子核的核电荷减少一个单位。

E_C衰变,即轨道电子俘获过程中,原子核俘获一个轨道电子时放出一个中微子$\bar{\nu}$,原子核的核电荷减少一个单位。

由原子核发射的电子称为β粒子。β衰变时,均伴有Q能量释放。

(3) γ衰变。α衰变和β衰变所生成的子核往往处于激发态,受快速粒子轰击或吸收光子也可以使原子核处于激发态。处于激发态的原子核是不稳定的,它可以直接退激返回到基态。放射性原子核从激发态(较高能级)向较低能态或基态跃迁时发射γ射线的过程,称为γ衰变,又称γ跃迁。γ射线与X射线的本质相同,都是电磁波。X射线是原子的壳层电子由外层向内层空穴跃迁时发射的,而γ射线是来自核内,是激发态原子核退激到基态时发射的,γ射线又称γ光子。在γ衰变过程中,放出γ射线后,原子核的质量和原子序数都没有改变,仅仅是原子核的能量状态发生了改变,因而这种变化称为同质异能跃迁。

3. 衰变规律

放射性核素的衰变与周围环境的温度、压强等无关,它遵循指数衰减规律。即每秒内衰变的原子数与现存的放射性原子数量呈比例。例如,某种放射性核素最初共有N_0个原子,经过时间t以后,只剩下N个,则N和N_0之间的关系为

$$N = N_0 e^{-\lambda t} \tag{4-6}$$

式中:λ为衰变常数,表示单位时间内一个放射性核发生衰变的概率,即每秒衰变的核数为原有放射性核数的几分之几,其单位是时间单位的倒数(1/s、1/min等)。

在核的天然衰变中,核变化的最基本的规律是质量数守恒和电荷数守恒。①α衰变:随着α衰变,即新核在元素周期表中位置向前移2位;②β衰变:随着β衰变,即新核在元素周期表中位置向后移1位;③γ衰变:随着γ衰变,变化的不是核的种类,而是核的能量状态。一般情况下,γ衰变总是伴随α衰变或β衰

变进行。

4. 半衰期

放射性原子核的数目因衰变而减少到原来的一半所需要的时间称为半衰期,用 $T_{\frac{1}{2}}$ 表示。它与衰变常数 λ 有如下的关系:

$$T_{\frac{1}{2}} = \frac{\ln 2}{\lambda} = \frac{0.693}{\lambda} \quad (4-7)$$

由此可见,核衰变是一级反应。因此,T 与 λ 成反比。这也很好理解,因为在单位时间内发生衰变的概率越大,原子核的衰变就越快,原子核总数减少一半的时间就自然越短。一种原子核的半衰期和原子核数量的多少以及开始计算的时间是没有关系的,从任何时候开始算起这种原子核的数量减少一半的时间都是一样的。

应该注意的是,并非经过两个半衰期,所有辐射都将消失。放射性是一种概率现象,每经过一个半衰期,初始原子会消失 50%,即辐射的危险会降低一半,但还能延续很多个半衰期。只要还有最后一个原子没衰变,放射性就不可能完全消失。一般来说,在经过 30 个半衰期后,辐射已减至原来的十亿分之一,基本无法被探测到,也就没有危害了。半衰期也不是一定的,如碘的半衰期为 8 天,并不是说碘到第 8 天,原子数量就会减少 50%,半衰期只是一种平均现象。

例 4.1 假定一个装于潜艇中的反应堆的燃料元件为含 75kg 铀 235 的高浓缩铀。若该堆以 300MW 功率运行,试问在耗完 10% 的燃料之前,该潜艇总航行多久?

解:设航行时间为 t 天

由于 1MW 堆功率相当于每天仅有 1g 易裂变物质进行裂变,10% 的燃料质量为 7.5kg = 7500g,则

$$t = \frac{\eta\% \times m}{p} = \frac{10\% \times 75000}{300} = 25(\text{天}) \quad (4-8)$$

即耗完 10% 的燃料可运行 25 天。

5. 核反应的链式反应

链式反应:有焰燃烧都存在链式反应。当某种可燃物受热,它不仅会汽化,而且该可燃物的分子会发生热裂解作用从而产生自由基。自由基是一种高度活泼的化学形态,能与其他的自由基和分子反应,而使燃烧持续进行下去,这就是燃烧的链式反应。查德威克发现中子以后,物理学家们用中子作为炮弹去轰击其他原子核。1938 年,伊伦娜·约里奥-居里在用中子轰击铀原子核时,发现出现了一种类似于镧的元素。德国放射化学家和物理学家奥托·哈恩重新验证分析后,证实有些铀原子核被击碎成为两半。他把这一发现写信告诉他多年的

合作伙伴迈特纳,迈特纳对铀裂变的现象作出了正确阐述:用中子轰击铀235原子核,它会分裂成两到三个较轻的原子核,同时释放出两到三个新中子,并释放出很大的能量,这个过程就是核裂变。释放出的中子会引起其他原子核的裂变,被称为核的链式反应,原子核裂变时放出巨大能量,为人类提供新的能源——原子能。天然铀中主要含有铀235和铀238两种同位素,前者约占0.72%,而后者约占99.27%。经研究表明,铀235在各种能量的中子作用下,均可能裂变,而铀238只有在能量大于1.1MeV的中子轰击下才可能裂变,而且前者的裂变概率大大地超过后者。因此,要造成链式反应,实际上只能利用天然铀中含量极少的铀235。为简便起见,我们先来考虑一个由纯铀235构成的体系。在这种体系内,中子的命运大致有两种:一是被铀235吸收,引起裂变(小部分不引起裂变),从而使中子数目增加;二是从体系的表面泄漏出去,损失掉。因此,对于这样的体系,只要由裂变增加的中子数不小于泄漏损失的中子数,链式反应即能维持。

假定有一个纯铀235的体系,该体系中原有100个中子,其中49个从体系的表面泄漏出去而损失掉;其余51个被铀235吸收,而其中又有10个不引起裂变(使铀235转变成铀236,就维持链式反应而言,这也是一种损失),只有41个中子引起裂变。按比较精确的数值,每次裂变平均产生2.46个中子。因此一共能放出$2.46 \times 41 \approx 100$个中子。这样,该体系的中子增殖系数$k=1$,这就是说,链式反应能持续进行。

如果泄漏出去的中子数多于49个,必然使k值小于1,链式反应就不能维持。而如果泄漏出去的中子数少于49个,这样k值就大于1,链式反应的规模就越来越大。我们知道,中子的泄漏与体系的表面积成正比,而中子的产生则与体系中裂变物质的量,即与体系的体积成正比。对于一定形状的体系,当其尺寸(亦即质量)增加时,体积的增加要比表面积的增加来得快,因而使中子的相对泄漏变小。由此可知,为实现自持链式反应($k=1$),存在一个裂变物质的最小体积(或质量),这就是临界体积(或临界质量)。显然,临界体积或临界质量与体系的几何形状有关。扁平或细长的形状都使表面积与体积的比值增大,从而增加中子的相对泄漏。以圆柱形体系为例,当其直径小于一定数值时,即使把高度无限加大,也不能使其达到临界状态;同样,当高度小于一定数值时,用加大直径的办法也无法使它达到临界。对于一定的体积,以球形的表面积为最小,所以球形体系具有最小的临界质量。

临界质量与体系的物质组成当然有很大的关系。对于纯铀235组成的球形体系,临界质量约为50kg,临界直径约为16.8cm。有些体系,由于非裂变物质含量太大,非裂变吸收太严重,即使把尺寸放大到无限大,也不能达到临界状态,纯粹由天然铀组成的体系便属于这种情况。

那么,有没有办法能使天然铀体系达到临界呢?有办法。先来分析一下纯粹由天然铀组成的体系内中子的活动情况。由于这种体系除了铀235外,还含有大量的铀238,所以中子的活动情况要复杂一些。大致说来,可以分为以下4种情况:

(1)中子(不论速度快慢)被铀235吸收,大部分引起裂变,小部分只被吸收而不引起裂变,因此总的效果是使中子数目增加。

(2)能量大于1.1MeV的中子,被铀238吸收引起裂变使中子数增加。

(3)能量小于1.1MeV的中子,被铀238吸收不引起裂变使中子数目减少。

(4)中子从体系的表面泄漏出去而损失掉。

方便起见,我们暂且忽略(4),只考虑前三种情况,这种没有中子泄漏的体系相当于一个无限大的天然铀体系。这样,使中子数增加的是情况(1)和(2),使中子数减小的是情况(3)。要使体系能维持链式反应,只要这两个方面取得平衡就行了。但情况(2)引起的中子数增加是不多的,这是因为能量大于1.1MeV的中子与铀238碰撞时,只有很少一部分被吸收而引起裂变,大部分散射回来,损失掉部分能量。这样,能否维持链式反应,就要看情况(1)和(3)哪个是主要的了。在天然铀中,铀235只占1/140,所以,中子碰上铀235的机会要比碰上铀238的机会小得多。如果在同样的碰撞机会下,对热中子来说(能量下降到周围介质原子平均动能水平的中子称为热中子),它引起铀235裂变的可能性却要比被铀238吸收的可能性大190倍。因此对热中子而言,情况(1)将超过情况(3),使增殖系数 k 大于1。但中子在损失其能量变成热中子之前,在能量5~100eV的区域内,特别容易被铀238吸收(称为共振吸收)。结果 k 还是小于1,链式反应难以维持。因此,要维持链式反应,就要采取某种措施,使中子的速度迅速减慢,越过强烈吸收中子的共振吸收区域,变成热中子。使用慢化剂,就能达到这一目的。

物体碰撞减速的情况。当一个较小的物体去碰撞质量大的物体时,例如用乒乓球碰桌子时,乒乓球几乎以原来的速度弹回来,动能损失很小;而当一个乒乓球去碰另一个乒乓球时,由于两者质量几乎相等,乒乓球大约将会损失掉一半的动能。因此采用原子核质量与中子质量相近的物质作慢化剂,则慢化性能比较好。当然还要求慢化剂对中子的吸收能力很小。

按上述要求,重氢是一种很合适的慢化剂,它的质量只比中子重一倍,吸收中子的能力又很低。实际使用时,一般不用重氢气体,因为其密度太小,而是用重氢与氧化合成的重水。石墨也是一种优良的慢化剂,虽然慢化能力比重水差一些,但是价格要比重水便宜得多。使用了慢化剂以后,大部分中子就迅速地被慢化成热中子,从而使情况(3)减少,使情况(1)增加。这样就能使原来的非临界体系变成临界体系。例如,用重水或石墨作慢化剂,就能使天然铀体系达到临界状态。普通水也可用作慢化剂,但它吸收中子的能力较大,只有与加浓铀一起,才能构成临界体系。考虑到情况(4),实际体系总是有一部分中子泄漏出去的,这就要求体系有足够大的尺寸,使泄漏出去的中子数只占很小的比例,以使 k 值大于1,保证链式反应的进行。若在体系周围包上一层能反射中子的反射层,使泄漏出去的中子一部分可以反射回来,那就更有利于链式反应的进行了。所以通常采用石墨作反射层。中子轰击铀235的链式反应示意图如图4-1所示。

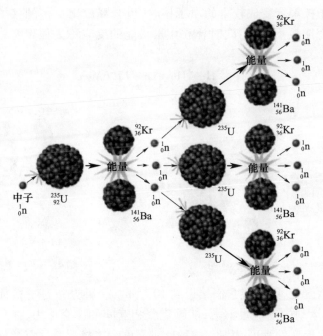

图4-1 中子轰击铀235的链式反应示意图

6. 核反应

若原子核由于外来的原因,如带电粒子的轰击、吸收中子或高能光子照射等引起原子核的质量、电荷或能量状态改变的过程称为核反应。核裂变、核聚变和中子俘获等都是核反应。

1)核裂变

核裂变是重原子核分裂成两个或两个以上的中等质量碎片原子核的反应,如图4-2所示。由于重核的核子平均结合能比中等质量的核的核子平均结合能小,因此,重核裂变成中等质量的核时,会有一部分核子结合能释放出来。如铀核裂变过程中,当中子打击铀 235 后,应形成处于激发状态的复核,复核裂变为质量差不多相等的碎片,同时放出 2~3 个中子和核子结合能,即

$$^{235}_{92}U + ^{1}_{0}n \rightarrow ^{139}_{54}Xe + ^{95}_{38}Sr + 2^{1}_{0}n + 200 MeV \tag{4-9}$$

这些中子如能再引起其他铀核裂变,就可使裂变反应不断地进行下去,这种反应称为链式反应,释放出大量的能量。原子弹和原子反应堆等装置就是利用铀核裂变的原理制成的。链式反应要不断进行下去的一个重要条件是每个核裂变时产生的中子数要在一个以上。

2) 核聚变

轻的原子核聚合变成较重的原子核时,也会释放出更多的核子结合能。这种轻核聚合变成较重的核,同时释放大量核能的反应称为核聚变,如图 4-3 所示。例如:

$$^{2}_{1}H + ^{3}_{1}H \rightarrow ^{4}_{2}He + ^{1}_{0}n + 17.6 MeV \tag{4-10}$$

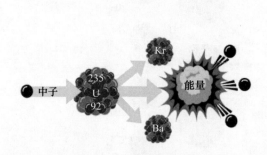

图 4-2 核裂变示意图

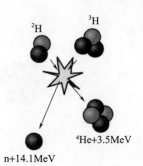

图 4-3 核聚变示意图

使核发生聚变,必须使它们接近到 10^{-15} m。一种办法是把核加热到很高的温度,使核热运动的动能足够大,能够克服相互间的库仑斥力,在互相碰撞中接近到可以发生聚变的程度,因此,这种反应又称为热核反应。氢弹就是根据核聚变原理制成。

核裂变,是指由较重的原子,主要是指铀或钚,分裂成较轻的原子的一种核反应形式。核聚变是指两个轻原子核聚合成一个较重原子核的核反应。

4.1.2 核化学与放射化学

1. 核化学概念

核化学又称为核子化学,是用化学方法或化学与物理相结合的方法研究原子核(稳定性和放射性)的反应、性质、结构、分离、鉴定等的一门学科。原子核

通过自发衰变或人工轰击而进行的核反应与化学反应有根本的不同：

①化学反应涉及核外电子变化,但核反应结果是原子核发生了变化。②化学反应不产生新的元素,但在核反应中,一种元素嬗变为另一种元素。③化学反应中各同位素的反应是相似的,而核反应中各同位素的反应不同。④化学反应与化学键有关,核反应与化学键无关。⑤化学反应吸收和放出的能量大约为 $10\sim10^3 kJ\cdot mol^{-1}$,而核反应的能量变化为 $10^8\sim10^9 kJ\cdot mol^{-1}$。⑥在化学反应中,反应前后物质的总质量不变,在核反应中会发生质量亏损。

2. 核反应与核裂变促使放射化学和辐射化学的发展

核化学起始于1898年M. 居里和P. 居里对钋和镭的分离和鉴定。后来30年左右的时间内,通过大量化学上的分离和鉴定,以及物理上探测α、β和γ射线等技术的发展,确定了铀、钍和锕的三个天然放射性衰变系,指数衰变定律,母子体生长衰变性质,明确了一个元素可能具有不止一个核素的同位素概念,以及同一核素的不同能态 Z 和 UX_2 的同质异能素等事实。此外,还陆续找到了其他十几种天然放射性元素。

1919 年 E. 卢瑟福等发现由天然放射性核素发射的 α 粒子引起的原子核反应,导致 1934 年 F. 约里奥·居里和 I. 约里奥·居里制备出第一个人工放射性核素磷30。由于中子的发现和粒子加速器的发展,通过核反应产生的人工放射性核素的数目逐年增加,而 1938 年 O. 哈恩等发现原子核裂变更加速了这种趋势,并且为后来的核能利用开辟了道路。此外,核谱学(包括α、β、γ和X射线谱学)的工作也有相应的发展。由于粒子加速器、反应堆、各种类型的探测器和分析器、质谱仪、同位素分离器及计算机技术等的发展,核化学研究的范围和成果还在继续扩展和增加,如质量大于氦核的重离子引起的深度非弹性散射反应研究,107、108、109 号元素的合成,双质子放射性和碳放射性的发现等。另外,核化学与核技术应用于化学、生物学、医学、地学、天文学和环境科学等方面,已取得了令人瞩目的进展。

3. 核化学研究范围

核化学主要研究核性质、核结构、核转变的规律以及核转变的化学效应、奇特原子化学,同时还包括有关研究成果在各个领域的应用。核反应与核裂变促使放射化学和辐射化学的发展,核裂变和链式反应的发现,为人类开发能源提供了光辉的前景,也是与放射化学的发展相关的,而原子核反应堆的建立又把放射化学推向一个新的发展阶段。大量核堆裂变产物的分离、处理和应用,核燃料的回收等任务促进了放射化学的大发展。核化学、放射化学和核物理,在内容上既有区别却又紧密地联系和交织在一起。核化学研究成果已广泛应用于各个领域。例如利用测定由中子俘获 $A(n,\gamma)B$ 反应的中子活化分析,可较准确地测定样品中 50 种以上元素的含量,并且灵敏度一般很高,该法已广泛应用于材料科学、环境科学、生物学、医学、地学、宇宙化学、考古学和法医学等领域。一些短寿命(特别是发射正电子)核素的放射性标记化合物广泛应用于医学。热原子化学方法可用于制备某些标记化合物。正电子湮没技术已用于材料科学及化学动力学等方面的研究。

X 射线和放射性的发现就是辐射化学的开始——辐射使底片感光。此后就开始比较有系统地辐射化学——辐射引起的化学反应的研究。后来又有不少人对气体、有机物的辐射效应进行了研究,发现电离辐射能引起分解、合成、氧化、还原、相变、聚合等多种化学作用。近十年来,由于原子核反应堆和高能粒子加速器的建立,提供了高能辐射源,使一些实验室中的辐射化学反应变为工业规模的生产。

4. 核化学学科特点

核化学研究中所用的化学操作和分离技术与一般化学分析中所用的有所不同,这主要在于前者着重速度快和放射性纯度高,一般回收率在 20% ~ 50% 即可。对半衰期极短的核素,为了争取速度而允许回收率低于 20%。原则上,一般化学分析中的分离方法都可用于核化学研究,但对半衰期短的核素,需采取热色谱、反冲技术等快速分离步骤。放射性纯度是指最终产品中放射性杂质与待测放射性核素之间的相对含量。放射性杂质相对含量越低,则放射性纯度越高。只要不影响回收率的测定,对化学纯度的要求不高。

一般样品中放射性物质的质量极微,为了测定回收率和便于纯化,常须加入一定量(如 10 ~ 20mg)的待测核素的稳定同位素作为载体。另外,为了提高产品的放射性纯度有时需要加入杂质元素作为反载体和采用清除剂,进行反复沉淀以提高产品的放射性纯度。为了制备高比活度的或无稳定同位素的产品,必须采用化学性质相似的非同位素载体,并在最后的分离步骤中将它们除去。在定量测定方面,核化学研究中采用放射性测量。样品的制备,特别是面密度低于 $100\mu g/cm$ 的极薄样品的制备,以及各种计数技术的设计使用至关重要。

5. 核化学武器应用

第一次世界大战期间,德军首先对英、法联军使用化学武器,使对方伤亡 1.5 万人。随后,交战国争相使用化学武器,其防护措施也不断完善(见化学防护)。第二次世界大战期间,某些国家秘密地加强了生物武器的研制。日军在侵华战争中,除使用化学武器外,也使用过生物武器。许多国家的军队在重视防化学武器的同时,增加了对生物武器的防护(见生物武器防护)。1945 年 8 月 6

日和9日,美军在日本广岛和长崎使用了原子弹,造成很大的伤亡和破坏。各国军队又相继展开了防核武器的研究(见核防护)。由于核、化学、生物武器既可分别使用,也可结合使用,在防护的组织和措施方面又有许多共同之处,因此,通常把这三种武器的防御联系在一起,简称"三防"。

核化学武器有巨大的杀伤破坏威力,可用导弹、火箭、飞机、火炮等多种投射工具广泛使用于战场。因此,在现代条件下作战,对这三种武器的防护,已成为作战保障的重要内容。许多国家的军队都很重视研究和采取相应的措施,加强军队和军事设施的防护能力,并编有专业部门、专业人员和专业部队、分队,负责指导部队防护,遂行各种专业保障任务。

6. 核化学与放射化学研究进展

核化学与放射化学是核燃料循环领域发展的基础学科和创新源头。主要研究核性质、核结构、核转变的规律以及核转变的化学效应、奇特原子化学,同时还包括有关研究成果在各领域的应用。放射化学是研究放射性物质,以及与原子核转变过程相关的化学问题的化学分支学科。主要研究天然放射性元素和人工放射性元素的化学性质和核性质,其提取及制备、纯化的化学过程和工艺的基础问题。因此,核化学与放射化学包括核化学与放射分析化学、核燃料循环化学、环境放射化学、药物化学与标记化合物等。核化学与放射化学基础研究相对应的是核燃料循环与材料(核化工)工程学科,包括铀矿冶、铀转化、铀浓缩、乏燃料后处理、放射性废物处理与处置、核设施退役等工艺及关键设备研究。

1934年法国科学家约里奥·居里(F. J. Curie)和伊莲·居里(I. Curie)用钋的 α 粒子轰击铝,这是第一次用化学方法分离了核反应产生的^{30}P,该工作是核化学研究的开端。1938年哈恩(O. Hahn)等用中子辐照铀后发现裂变产物,加速了核化学领域的发展。

1955年1月15日,中共中央书记处召开扩大会议,提出了中国建立和发展原子能事业的战略决策。从那天开始,中国核工业扬帆起航。1958年9月27日,我国第一座研究性重水反应堆和回旋加速器交付使用,也推动了我国核化学研究步入正规的研究阶段。

中国原子能科学研究院(简称原子能院)自建院之初即开启了核化学与放射化学研究。70年来,先后完成多项国家重点任务,特别是在我国"两弹一艇"(原子弹、氢弹和弹道导弹核潜艇)研制技术攻关中发挥了重要作用。自20世纪50年代开始,围绕我国第一座核反应堆的建设,重点开展了铀提取、石墨纯化、重水制备等研究。60—70年代,主要完成首颗铀原子弹装料制备及分析,成功研制出原子弹引爆装置中子点火源、建立了燃耗测定方法并完成首次当量测量、第一次从辐照燃料元件中提取出钚、开展后处理工艺流程研究等。70—90年代,开展了燃料元件燃耗测量方法研究,准确测定了我国第一艘核潜艇考验元件和第一座核电站考验元件的燃耗;准确测定了热中子、裂变谱中子以及单能中子诱发铀235和铀238的裂变产额;开展了放射性核素分析方法研究,准确测定了我国高放废液的化学组成和放射性比活度等。系列研究为我国核能可持续发展做出了重要贡献。

4.2 核武器

4.2.1 核武器概念

利用能自持续进行的原子核裂变或聚变反应瞬时释放的巨大能量,产生爆炸作用,并具有大规模毁伤破坏效应的武器。主要包括裂变武器(第一代核武器,通常称为原子弹)和聚变武器(亦称为氢弹,分为两级及三级式)。核武器也叫核子武器或原子武器。

从广义上说核武器是指包括投掷或发射系统在内的具有作战能力的核武器系统,图4-4为枪式原子弹结构示意图。核武器通常指狭义的核武器,即由核战斗部与制导、突防等装置装入弹头壳体组成的核弹。核战斗部的主体是核爆炸装置,简称核装置。核装置与引爆控制系统等一起组成核战斗部。将核战斗部与制导、突防等装置装入弹头壳体,即构成弹道导弹的核弹头。广义核武器通常指由核弹、投掷/发射系统和指挥控制、通信和作战支持系统等组成的具有作战能力的核武器系统。

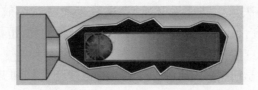

图4-4 枪式原子弹结构示意图

核武器是指包括氢弹、原子弹、中子弹、三相弹、反物质弹等在内的利用核反应产生杀伤效应的武器。

煤、石油等矿物燃料燃烧时释放的能量来自碳、氢、氧的化合反应。一般化学炸药如梯恩梯(TNT)爆炸时释放的能量来自化合物的分解反应。在这些化学反应里,碳、氢、氧、氮等原子核都没有变化,只是各个原子之间的组合状态有了变化。核反应与化学反应则不一样。在核裂变或核聚变反应里,参与反应的原子核都转变成其他原子核,原子也发生了变化。因此,人们习惯上称这类武器为原子武器。但实质上是原子核的反应与转变,所以称核武器更为确切。

核武器爆炸时释放的能量,比只装化学炸药的常规武器要大得多。例如,1kg 铀全部裂变释放的能量约 8×10^{13} J,比 1kgTNT 炸药爆炸释放的能量 4.19×10^6 J 约大 2×10^8 倍。因此,核武器爆炸释放的总能量,即其威力的大小,常用释放相同能量的 TNT 炸药量来表示,称为 TNT 当量。美、俄等国装备的各种核武器的 TNT 当量,小的仅 1000t,甚至更低,目前微型核武器,爆炸当量在几十吨,大的达 10^8t,苏联曾试爆过 5×10^8t 当量的氢弹。

氢弹、原子弹爆炸场景如图 4-5 所示。

图 4-5 氢弹、原子弹爆炸场景

核武器爆炸,不仅释放的能量巨大,而且核反应过程非常迅速,微秒级的时间内即可完成。因此,在核武器爆炸周围不大的范围内形成极高的温度,加热并压缩周围空气使之急速膨胀,产生高压冲击波。地面和空中核爆炸,还会在周围空气中形成火球,发出很强的光辐射。核反应还产生各种射线和放射性物质碎片;向外辐射的强脉冲射线与周围物质相互作用,造成电流的增长和消失过程,其结果又产生电磁脉冲。这些不同于化学炸药爆炸的特征,使核武器具备特有的强冲击波、光辐射、早期核辐射、放射性沾染和核电磁脉冲等杀伤破坏作用。核武器的出现,对现代战争的战略战术产生了重大影响。

1. 核弹杀伤力计算公式

有效杀伤距离 $= C \times \sqrt[3]{爆炸当量}$,($C$ 为比例常数),一般取比例常数为 1.493885。

当量为 10^5t 时,

有效杀伤半径 $= 1.493885 \times \sqrt[3]{10} = 3.22\text{km}$

有效杀伤面积 $= p_i \times 3.22 \times 3.22 = 33\text{km}^2$

当量为 10^6 t 时,

有效杀伤半径 $= 1.493885 \times \sqrt[3]{100} = 6.93\text{km}$

有效杀伤面积 $= p_i \times 6.93 \times 6.93 = 150\text{km}^2$

当量为 10^7 t 时,

有效杀伤半径 $= 1.493885 \times \sqrt[3]{1000} = 14.93\text{km}$

有效杀伤面积 $= p_i \times 14.93 \times 14.93 = 700\text{km}^2$

当量为 10^8 t 时,

有效杀伤半径 $= 1.493885 \times \sqrt[3]{10000} = 32.18\text{km}$

有效杀伤面积 $= p_i \times 32.18 \times 32.18 = 3257\text{km}^2$

2. 产生背景与研制历史

核武器的出现,是20世纪40年代前后科学技术重大发展的结果。1939年初,德国化学家O.哈恩和物理化学家F.斯特拉斯曼发表了铀原子核裂变现象的论文。几个星期内,许多国家的科学家验证了这一发现,并进一步提出有可能创造这种裂变反应自发进行的条件,从而开辟了利用这一新能源为人类创造财富的广阔前景。但是,同历史上许多科学技术新发现一样,核能的开发也被首先用于军事目的,即制造威力巨大的原子弹,其进程受到当时社会与政治条件的影响和制约。

同位素分离与生产是制造原子弹的基础。要建立原子核反应堆,就需要大量具有特殊核性能的同位素,如铀235、重水等。美藉意大利物理学家费米领导了一个小组,在芝加哥大学的网球场上建立了第一座原子核反应堆,装料是天然铀和石墨。1942年12月2日反应堆成功运转。这是人类第一次实现自持链式原子核反应,标志着人类进入了原子能时代。重水既是建立动力堆的重要原料又是热核能的原料,所以重水的工业生产成为原子能工业的重要部门。为了给制造原子弹提供重水,1943年美国曾采用水蒸馏法建立了三个重水工厂,用氢－水同位素交换法建立了一个工厂,总年产量达20余吨,为生产钚的反应堆供应重水。该法生产经济不合算,这几个厂先后于1945年及1956年关闭。生产原子弹需要进行同位素分离,20世纪40年代已开始研究铀同位素的分离,利用扩散法、热扩散法、离心法和电磁法在实验室中制备少量同位素铀。1943年美国为了给制造原子弹提供同位素铀235,建立了三座六氟化铀气体扩散工厂生产铀235,扩散级数有几千级,耗电量达180万千瓦。

第二次世界大战后,各国纷纷研究生产重水的新方法,如硫化氢双温交换法,液氢精馏法等都实现了工业化生产。美国曾采用硫化氢法于1951年、1952年在萨瓦纳设厂,每个厂生产能力可达500t/a。苏联与美国还先后按硫化氢双温交换法与液氢精馏法设厂。

4.2.2 不同种类核武器简介

1. 原子弹

原子弹是利用链式裂变反应原理,在一个小的空间内瞬间释放出巨大能量,从而产生爆炸的核武器。具体来讲,它是利用铀或钚等易裂变的重原子核裂变反应瞬间释放出巨大能量的核武器,是一种裂变弹,其威力通常为几百至几万吨级TNT当量,它是第一代核武器。

在1939年,核物理学家就发现,当一个重原子核(如铀)被中子轰击后,可以发生裂变。裂变前后并没有发生质子、中子数量的变化,但是其质量却减轻了微不足道的一点。根据爱因斯坦能量方程 $E = mc^2$,这些消失的质量转化成为能量释放出来。可当很少的质量若乘以光速的平方,就是一个相当大的数值了。据测算,1个铀原子核裂变仅能释放 2.9×10^{11} J,但是,1mol铀235g,就可以释放 1.746×10^{23} J的能量,这相当于数千吨TNT爆炸的效果。因为铀原子核在裂变时,可以同时释放2~3个中子,如果这些中子继续轰击其他的铀原子核,就可以形成雪崩式的裂变反应,把能量在0.01s内释放出来,我们称为链式反应。这样的瞬间能量释放可以形成破坏巨大的爆炸,完全能够制造出一种**重量轻、破坏大**的武器。

铀有铀235和铀238两种同位素。铀235在吸收中子后可以立即发生裂变,而铀238则几乎毫无变化。天然铀中铀235的比例很小,根本不可能维持链式反应。所以,将铀235提纯就成为原子弹成功的关键。铀235与铀238的化学性质完全相同,物理性质中也仅仅是密度稍有差异。科学家发现,铀与氟反应生成六氟化铀,这是一种气体。铀235和铀238的氟化物密度有差异,如果让它们扩散通过多孔板,铀235氟化物就会比铀238氟化物略微快一点。经过很多次这种过程,铀235就被提纯了。另外,也可以利用超速离心的方法分离铀235和铀238。

根据核装料的不同,可分为铀弹和钚弹。以铀235作为核装料的称为铀弹,以钚239作为核装料的称为钚弹。1kg的铀235或钚239如果完全裂变,裂变和衰变过程中总共可释放约2万tTNT当量的能量。钚239与铀235性质相似,也可以发生链式反应。1945年,投放在长崎的"胖子"就是一枚钚弹。据统计,美军在日本投下的两枚原子弹共造成近30万人死亡,效果远远超过任何一种常规武器。

原子弹主要由引爆控制系统、炸药、中子反射体、核装料和弹壳等结构部件组成。引爆控制系统用来适时引爆炸药;炸药是推动、压缩反射层和核部件的能源;中子反射体由铍或铀238构成,用来减少中子的漏失;核装料主要是铀235或钚239。

原子弹爆炸的原理:在爆炸前将核原料装在弹体内分成几小块,每块质量都小于临界质量(原子弹中裂变材料的装量必须大于一定的质量才能使链式裂变反应自持续进行下去,这一质量称为临界质量)。爆炸时,引爆控制系统发出引爆指令,使炸药起爆;炸药的爆炸产物推动并压缩反射体和核装料,使之达到超临界状态;核点火部件适时提供若干"点火"中子,使核装料内发生链式裂变反应。裂变反应产物的组成很复杂,如铀235裂变时可产生钡和氪、或氙和锶、或锑和铌等。

连续核裂变释放出巨大的能量,瞬间产生几千万摄氏度的高温和几百万个大气压,从而引起猛烈的爆炸。爆炸产生的高温高压以及各种核反应产生的中子、γ射线和裂变碎片,最终形成冲击波、光辐射、贯穿辐射、放射性沾染和电磁脉冲等杀伤破坏因素。

2. 氢弹

核裂变实现以后,科学家又把目光集中在了轻核的聚变反应。如果轻原子核,如氢的同位素氘、氚能靠近到一定距离,可以发生聚合成为质量稍大的氦核,其质量的衰减大于重核的裂变。太阳就是一个巨大的核聚变反应堆。但是,原子核携带正电荷,要想让其靠近到可以聚合的距离,必须让其具有巨大的动能。达到这种动能的温度只存在于恒星内部,依靠常规方法是无法实现的。可是,原子弹爆炸时,其温度可以达到上千万摄氏度,完全满足这种需求。一旦被引发,核聚变产生的能量就足以维持直到燃料用尽。

1942年,美国科学家泰勒(E. Teller)提出,可以利用原子弹爆炸产生的高温引起核聚变来制造一种威力比原子弹更大的超级核弹。1952年11月1日,在美国马绍尔群岛的一个珊瑚岛上爆炸了世界上第一颗氢弹。

氢弹是利用氢的同位素氘、氚等轻原子核的聚变反应瞬时释放出巨大能量而实现爆炸的核武器,亦称聚变弹或热核弹。氢弹的杀伤破坏因素与原子弹相同、但威力比原子弹大得多。原子弹的威力通常为几百至几万吨TNT当量,氢弹的威力则可大至几千万吨。还可通过设计增强或减弱其一些破坏因素,其战术技术性能比原子弹更好。

1)氢弹的基本原理

在氘、氚原子核之间发生的聚变反应,主要是氘氘反应和氘氚反应。

当热核燃烧的温度为几百万至几亿摄氏度时,氘氚反应的速率约比氘氘反应快 100 倍,因此,氘氚混合物比纯氘的燃烧性能更好。有一种实用的热核装料是固态氘化锂 –6(^{6}LiD)。利用裂变引爆装置产生的中子轰击氘化锂 –6 气化电离产生的锂 –6(^{6}Li)产生氚,然后发生氘氚热核反应,释放巨大的能量。在氢弹中,烧掉 1kg 氘化锂,释放的能量可达 4~5 万吨 TNT 当量。

发生热核反应的先决条件是高压。但要使热核装料燃烧充分,还必须使燃烧区的高温维持足够长的时间。为此,就需创造一种自持燃烧的条件,使燃烧区中能量释放的速率大于能量损失的速率。这种条件除与热核装料的性质、装量、密度及几何形状有关外,还与燃烧温度和系统的结构密切相关。氢弹中热核反应所必需的高温、高压等条件,是用原子弹爆炸提供的,因此,氢弹里装有专门设计用于引爆的原子弹,通常称为"扳机"或"雷管"。

氢弹的原料(氘)是氢的同位素,大量存在于自然界之中。氘与氧的化合物为重水,其化学性质与水基本相同。但是,重水的沸点略高于水,在电解水时,重水也相对不容易被电解。所以,就可以采用反复蒸馏普通水和电解水的方法浓缩重水,最后利用电解的方式得到氘。氘化锂 –6 主要存在于海水、矿泉水和锂辉石当中,天然储量也很大。所以,氢弹的原料更易得。

2) 氢弹的结构

中心部分是原子弹,周围是氘、氘化锂等热核原料,最外层是坚固的外壳。引爆时,先使原子弹爆炸产生高温高压,同时放出大量中子;中子与氘化锂中的锂反应产生氚;氘和氚在高温高压下发生核聚变反应释放出更大的能量引起爆炸。

3) 三相弹

氢弹爆炸成功后,人们发现,它爆炸时可以产生大量高速度的中子。如果用这种高速度的中子轰击铀 238,可以引起它的裂变而释放能量。由于铀 238 裂变时不产生中子,所以不会维持链式核裂变反应,但是核聚变产生的高能中子已经是绰绰有余。于是,在氢弹的外边加上铀 238 外壳,就制成了聚变 – 裂变弹,也称为氢铀弹。由于同时发生原子弹"雷管"裂变、氘氚聚变和铀 238 裂变 3 种核反应,所以又称为三相弹。这种三相弹爆炸后的放射性产物污染严重,人们也称为"肮脏"氢弹。

由于氢弹不受核装药临界体积的限制,所以理论上讲可以做得无限大,上千万甚至上亿吨级的氢弹也可以制造出来。由于三相弹中应用的铀 238 是制造原子弹的废品,这种应用更是很好的废物利用。

4) 冲击波弹

冲击波弹是一种小型氢弹,采用了慢化吸收中子技术,减少了中子活化削弱辐射的作用,爆炸后,部队可迅速进入爆炸区投入战斗。

3. 中子弹

中子弹是以高能中子辐射为主要杀伤因素且相对减弱冲击波和光辐射效应的一种特殊设计的小型氢弹,也称弱冲击波强辐射弹或增强辐射弹。它实际上是一种靠微型原子弹引爆的特殊超小型氢弹,是第三代核武器的代表。

一般氢弹由于加一层铀238外壳,氢核聚变时产生的中子被这层外壳大量吸收,产生了许多放射性沾染物。中子弹去掉了外壳,核聚变产生的大量中子就可能毫无阻碍地辐射出去,这就大大增加了核辐射的毁伤效应,从而对人员等有生力量造成巨大的打击。同时,却减少了光辐射、冲击波和放射性污染等因素。

(1)中子弹的内部构造大体分四个部分。弹体上部是一个微型原子弹,上部分的中心是一个亚临界质量的钚239,周围是高能炸药。下部中心是核聚变的心脏部分,称为储氚器,内部装有含氘氚的混合物。储氚器外围是聚苯乙烯,弹的外层用铍反射层包裹。引爆时,炸药给中心钚球以巨大压力,使钚的密度剧烈增加。这时,受压缩的钚球达到超临界而起爆,产生强γ射线和X射线及超高压。强射线以光速传播,比原子弹爆炸的裂变碎片膨胀速度快100倍。当下部的高密度聚苯乙烯吸收了强γ射线和X射线后,便很快变成高能等离子体,使储氚器里的氘氚混合物承受高温高压,引起氘和氚的聚变反应,放出大量高能中子。铍作为反射层,可以把瞬间产生的中子反射回去,使它充分发挥作用。同时,一个高能中子打中铍核后,会产生一个以上的中子,称为铍的中子增殖效应。这种铍反射层能使中子弹体积大为缩小,因而可使中子弹做得很小。

(2)中子弹的核辐射是普通原子弹的10倍,一颗1000t当量的中子弹,杀伤坦克、装甲车乘员的能力相当于一颗5t级的原子弹。与原子弹相反,中子弹的光辐射、冲击波、放射性小,只有普通原子弹的1/10。1000t当量中子弹的破坏半径仅180m,污染很小。中子弹爆炸时所释放出来的高速中子流,可以毫不费力地穿透坦克装甲、掩体和砖墙。进入人体后,能破坏人体组织细胞和神经系统,从而杀伤包括坦克乘员在内的有生力量,但又不严重破坏坦克、装备物资以及地面建筑,从而可使装备和物资成为自己的战利品。

(3)中子弹也可用于阻击来袭导弹和敌空军机群。中子弹爆炸产生的大量中子射向来袭导弹,可使核弹头的核装料发热、变形而失效;可以杀伤敌机飞行员而造成机毁人亡。由于中、高空大气的空气密度很小,对中子的衰减能力较弱,因此,中子在中、高空的作用距离很大。所以用中子弹来对付导弹和空军机群也是非常有效的。鉴于中子弹具有的这一特性,如果广泛使用中子武器,那么,战后城市也许将不会像使用原子弹、氢弹那样成为一片废墟,但人员伤亡会更大。

4. 电磁脉冲弹

电磁脉冲弹是利用核爆炸能量来加速核电磁脉冲效应的一种核弹。它产生的电磁波可烧毁电子设备，可造成大范围的指挥、控制、通信系统瘫痪，在未来的"电子战"中将会大显身手。

5. γ射线弹

γ射线弹爆炸后尽管各种效应不大，也不会使人立刻死去，但能造成放射性沾染，迫使敌人离开。所以它比氢弹、中子弹更高级，更有威慑力。

6. 感生辐射弹

感生辐射弹是一种加强放射性沾染的核武器，主要利用中子产生感生放射性物质，在一定时间和一定空间上造成放射性沾染，达到阻碍敌军和杀伤敌军的目的。

7. 红汞核弹

红汞(氧化汞锑)作为中子源，由于不用原子弹作为中子源，所以体积和重量大大减少，一般小型的红汞核弹只有一个棒球大小，但当量可达万吨。

4.2.3 核武器的发展历程及趋势

1. 核武器技术发展历程

由于核武器投射工具准确性的提高，自20世纪60年代以来，核武器的发展，首先是核战斗部的重量、尺寸大幅度减小，但仍保持一定的威力，也就是比威力(威力与重量的比值)有了显著提高。例如，美国在长崎投下的原子弹，重量约4.5t，威力约2万t；70年代后期，装备部队的"三叉戟"Ⅰ潜地导弹，总重量约1.32t，共8个分导式子弹头，每个子弹头威力为10万t，其威力同长崎投下的原子弹相比，提高135倍左右。威力更大的热核武器，其威力提高的幅度还更大些。但一般认为，这一方面的发展或许已接近客观实际所容许的极限。自70年代以来，核武器系统的发展更着重于提高武器的生存能力和命中精度，如美国的"和平卫士/MX"洲际导弹、"侏儒"小型洲际导弹、"三叉戟"Ⅱ潜地导弹，苏联的SS-24、SS-25洲际导弹，都在这些方面有较大的改进和提高。

其次，核战斗部及其引爆控制安全保险分系统的可靠性，以及适应各种使用与作战环境的能力，也有所改进和提高。美、苏两国还研制了适于战场使用的各种核武器，如可变当量的核战斗部，多种运载工具通用的核战斗部，甚至设想研制当量只有几吨的微型核武器。特别是在核战争环境中如何提高核武器的抗核加固能力,以防止敌方的破坏,更受到普遍重视。此外,由于核武器的大量生产和部署,其安全性也引起了有关各国的关注。

核武器的另一发展动向,是通过设计调整其性能,按照不同的需要,增强或削弱其中的某些杀伤破坏因素。"增强辐射武器"与"减少剩余放射性武器"都属于这一类。前一种将高能中子辐射所占份额尽可能增大,使之成为主要杀伤破坏因素,通常称为中子弹;后一种将剩余放射性减到最小,突出冲击波、光辐射的作用,但这类武器仍属于热核武器范畴。至于20世纪60年代初曾引起广泛议论的"纯聚变武器",20多年来虽然做了不少研究工作,例如大功率激光引燃聚变反应的研究,80年代也仍在继续进行,但还看不出制成这种武器的现实可能性。

核武器的实战应用,虽仍限于它问世时的两颗原子弹,但由于自1940年以来核武器本身的发展,以及与它有关的多种投射或运载工具的发展与应用,特别是通过上千次核试验所积累的知识,人们对其特有的杀伤破坏作用已有较深的认识,并探讨实战应用的可能方式。美、苏两国都制订并多次修改了强调核武器重要作用的种种战略。

有矛必有盾。在不断改进和提高进攻性战略核武器性能的同时,美、苏两国也一直在寻求能有效地防御核袭击的手段和技术。除提高核武器系统的抗核加固能力,采取广泛构筑地下室掩体和民防工程等以减少损失的措施外,对于更有效的侦察、跟踪、识别、拦截对方核导弹的防御技术开发研究工作也从未停止过。20世纪60年代,美、苏两国曾部署以核反核的反导弹系统。1972年5月,美、苏两国签订了《限制反弹道导弹系统条约》。不久,美国停止"卫兵"反导弹系统的部署。1984年初,美国宣称已制订了一项包括核激发定向能武器、高能激光、中性粒子束、非核拦截弹、电磁炮等多层拦截手段的"战略防御倡议"。尽管对这种防御系统的有效性还存在着争议,但是可以肯定,美、苏对核优势的争夺仍将持续下去。

由于核武器具有巨大的破坏力和独特的作用,与其说它可能会改变未来全球性战争的进程,不如说它对现实国际政治斗争已经和正在不断地产生影响。20世纪70年代末,美国宣布研制成功中子弹,它最适于战场使用,理应属于战术核武器范畴,但却受到几乎是世界范围的强烈反对。从这一事例也可以看出,核武器所涉及的斗争的复杂性。中国政府在爆炸第一颗原子弹时即发表声明:中国发展核武器,并不是由于相信核武器的万能,要使用核武器。恰恰相反,中国发展核武器,是被迫而为的,是为了防御,为了打破核大国的核垄断、核讹诈,为了防止核战争,消灭核武器。此后,中国政府又多次郑重宣布:在任何时候、任何情况下,中国都不会首先使用核武器,并就如何防止核战争问题一再提出了建议。中国的这些主张已逐渐得到越来越多的国家和人民的赞同和支持。

2. 第四代核武器——核武器的革命性变革

一般认为,自 1945 年问世以来,核武器已经经历了三代。第一代核武器是核裂变实现的原子弹,它虽然技术不很复杂,但单位爆炸力弱、不易小型化,因此威力不大(通常仅为几万吨 TNT 当量),作战应用不便,如今五大核国家基本不再保留。

第二代核武器是核聚变实现的氢弹,也称热核武器,它改进了原子弹的上述不足,威力可大可小(几百吨到数千万吨 TNT 当量),所以技术战术性能更好,用途更加广泛;美国核炮弹等战术核武器,TNT 当量大都在几百到几千吨之间,威力可比广岛原子弹小二三十倍,而曾经试爆的威力最大的苏联"大伊万"氢弹,TNT 当量达到了 5800 万 t,威力约为广岛原子弹的 3800 倍。第三代核武器是效应经过裁剪或增强的小型氢弹,它们在技术上并没有大的突破,只是为功能多样化并便于在战场上使用而做了些改进,因此大都为威力不大的战术核武器。比较特殊且具有代表性的第三代核武器基本有四种:一是以高能中子为主要杀伤因素、冲击波效应弱的中子弹或增强辐射弹,它对建筑物和装甲目标损坏小,主要用来杀伤有生力量,并破坏电子系统、导弹导引头等易受辐射损害的设备;二是以冲击波为主要杀伤因素、放射性沾染小的冲击波弹,它主要用于摧毁坚固的建筑物、工事和导弹发射井等硬目标;三是增强核射线能量的核电磁脉冲弹,它通过让空气电离产生强电磁脉冲,干扰和破坏电子和电气设备及通信和计算机系统;四是钻入地下爆炸,利用巨大冲击波效应破坏地下物体的核钻地弹,它主要用来摧毁加固的导弹发射井、地下指挥中心等重要目标。从原理上看,前三代核武器在爆炸过程中都要产生放射性裂变物质,出现剩余核辐射,从而不可避免地存在放射性沾染,对环境带来长期的有害影响,不被国际社会所接收,因此其试验、发展和使用都要受到相关国际条约的严格限制。由此,核大国都不约而同地将目光转向了第四代核武器。

第四代核武器,一般是指利用超激光、强 X 射线、磁压缩、反物质等前沿技术对触发装置进行改进,并激发核聚变的新一代核武器。也就是说,这类核武器被看成"纯热核武器",它不再需要放射性裂变材料,不必再以核裂变那样产生放射性污染物的方式引发核聚变。由此,第四代核武器就具备了三个最主要特点:第一个是没有剩余核辐射,不产生放射性沾染危害环境,可视为"干净"甚至"绿色"核武器;第二个是可对核聚变过程进行某种程度的干预和控制,调节释放的能量,使爆炸威力适中,小型化更易实现和彻底;第三个是不必进行核爆炸试验,只需利用前期核武器的经验和成果,通过计算机模拟即可研制。

第四代核武器种类有不少,但原理最清晰、成果最突出,同时也最引人关注、最具代表性的被认为有两种,即反物质武器和核同质异能素武器。前者是利用物质和其反物质的相互作用(也叫湮灭反应)所产生的能量或者激励出的X、γ射线等,引发核聚变的一种核武器;后者是通过核同质异能素这种特殊核素转变为稳态时产生的能量,引发核聚变的一种核武器。这两种核武器不但结构简单、可靠性高、稳定性好,而且易于引爆、单位爆炸力强、便于小型化,可用来制造反导拦截弹弹头或者直升机、无人机等小型平台所用的微型导弹弹头,也能成为反舰、反潜、反飞机的有效武器。

4.3 核武器损伤及防护

4.3.1 核武器杀伤破坏因素

核武器的杀伤破坏因素主要有冲击波、光辐射、早期核辐射、核电磁脉冲和放射性沾染。前四种杀伤破坏因素是在爆后几十秒内起杀伤破坏作用的,又称为瞬时杀伤因素。放射性沾染的作用时间长、作用范围广、伤害途径多,但是并不像瞬时杀伤破坏作用那样具有速效性。

1. 冲击波

冲击波就是核爆炸时形成的高速高压气浪。它由压缩区和稀散区组成,是核爆炸的主要杀伤破坏因素。

1)对人员的杀伤

(1)直接杀伤。冲击波的动压能将一定范围内的暴露人员抛出数米至数十米之远,造成皮肤损伤、骨折和肝脾破裂。超压作用能使肺、胃、肠和耳鼓膜等受到损伤。

(2)间接杀伤。由于建筑物的倒塌,石块、门窗玻璃的飞散等而引起的杀伤。有时,间接杀伤作用的范围要比直接杀伤作用的范围大。

2)对物体的破坏

冲击波超压能使建筑物门窗和薄弱部位损坏,严重时,造成错位、裂缝、变形或倒塌。在冲击波作用下,机械、工事、装备器材的脆弱部位等易受到破坏,严重时会造成移位、变形和断裂。

2. 光辐射

光辐射是核爆炸时因光和火球辐射出来的强光和热。

1）对人员的杀伤作用

（1）直接烧伤。直接烧伤是由于光辐射直接照射而造成的,烧伤多数发生在朝向爆心的暴露部位,如手、脸、须等。轻者皮肤发红、灼痛；重者皮肤起泡、溃烂；更重者皮肤烧焦。眼睛直视火球,可能造成视网膜烧伤。

（2）间接烧伤。它是光辐射引起服装工事、建筑物或装备等着火而造成的烧伤。多数伤员往往同时发生直接烧伤和间接烧伤。

2）对物体的破坏作用

光辐射可以直接烧焦、烧坏各种物体,还可以由于建筑物工事或其他易燃,易爆物着火、爆炸而引起物体的间接毁坏。

3. 早期核辐射

早期核辐射就是核爆炸在最初十几秒内从火球和烟云中放出的 γ 射线和中子流。

1）对人员的杀伤

早期核辐射穿入人体时,会引起肌体组织的原子电离,破坏机体组织的蛋白质和酶等具有生命功能的物质,导致细胞变异或死亡,从而引起机体生理机能改变和失调（如造血功能发生障碍、肠胃功能紊乱以至中枢神经系统紊乱等）,产生一种全身性疾病,称为急性放射病。

2）对物体的破坏

早期核辐射会使某些物质改变性能或失效。照射量为 3～5R,就会使摄影胶卷感光；2000R 以上会使光学玻璃变暗；各种兵器的锰钢和铝合金部位,在中子的作用下,易产生较强的感生放射性,影响使用。

4. 核电磁脉冲

核电磁脉冲就是核爆炸时产生的电磁脉冲,它是早期核辐射的次级效应。核爆炸产生的大量 γ 射线,在沿着以爆心为原点的径向运动过程中,与空气中的分子发生康普顿效应,产生康普顿电子。具有较高能量的康普顿电子,在运动过程中,又与空气分子发生作用,产生更多的电子,在爆区空间形成一个环绕爆心的电离化区域。这个区域通常称为源区。在源区内,由于大量电子径向运动,于是形成径向电场,其场强可达 $1\times10^4 \sim 1\times10^5 \text{V/m}$,这种径向电场不是对称的,会产生"净"电脉冲,导致向外辐射电磁脉冲。

核电磁脉冲的场强虽然很高,但由于它的作用时间极短,所以还没有发现对人、畜有杀伤作用。它对一般的物体如武器、被服、装具和房屋等没有破坏作用,但对电气、电子设备有破坏作用,它可导致电子系统暂时的工作紊乱和操作失灵,而且可使电子系统的某些敏感元件、器件,被强核电磁脉冲击穿或烧毁,从而导致整个系统不能继续工作。

5. 放射性沾染

核爆炸会产生大量的放射性灰尘,放射性灰尘会污染空气、地面、水源、粮食和武器装备等物体,有些受到早期核辐射中子流作用的土壤和武器等还会产生感生放射性,这些都称为核爆炸的放射性沾染。

放射性沾染和早期核辐射一样,能使人员引起放射病。它比瞬时杀伤破坏因素作用时间长、作用范围广、伤害途径多,但是并不像瞬时杀伤破坏作用那样具有速效性。

4.3.2 核武器损伤的防护特点

核武器虽然具有巨大的杀伤破坏作用,但也具有局限性和可防性,只要掌握其致伤规律,做好防护工作,就能免疫或减轻核武器损伤。对核武器的防护,从广义上讲,包括:战时积极摧毁敌人的核设施,拦截、摧毁来袭的核导弹和飞机,按要求步署和配置部队;组织城市人口疏散;构筑防护工事;研制和使用防护装备和措施;组织辐射侦察;组织抢救伤员。消除沾染,抢修被破坏的设施;采用医学手段防止或减轻核武器损伤。除采用军事手段摧毁敌人的核力量的积极防御外,在各种防护措施中,以工事防护为主,工事防护是最重要和最有效的措施。工事防护又以防冲击波为主,凡能防冲击波,一般也能防其他杀伤因素。在整个防护中医学防护是辅助性的,但它是卫生部门的重要工作,主要是预防放射损伤。对核武器损伤的防护,内容广泛,任务艰巨,必须做到军队防护与人民群众防护相结合,医学防护与其他各种防护相结合,群众性防护与专业技术分队防护相结合,使用制式装备防护与开展简易防护相结合。这样军地实行统一指挥领导,组织协同,人力物力上互相支援;既放手发动群众,又发挥专业分队的骨干作用;既充分利用现有技术装备器材的优势,又能因地制宜发挥简易防护措施的作用。

1. 核武器的可防性

(1)光辐射和普遍光一样,呈直线传播,有方向性,且作用时间短暂。因此,凡能挡住光线的物体,均能削弱或屏蔽其作用。

(2)冲击波传播速度比光辐射慢,且动压是沿地面水平方向传播的。所以,发现闪光,立即进入工事,或合理利用地形地物,或卧倒缩小迎风面,就能减轻其杀伤作用。

(3)早期核辐射贯穿能力很强,但能被一定厚度的土层或其他物体的吸收而减弱。例如,2m厚的土层就能削弱核辐射99.99%。

(4)放射性落下灰的沉降有一个时间过程,沉降时可以发现,沉降后可用仪器探测,且衰变又快,因此当发现闪光,尚有准备时间,或迅速撤离;或推迟进入沾染区;或采取简易有效的防护措施,就能避免或减轻落下灰对人体的作用。

2. 核武器的难防性

(1)突然袭击的核爆炸,几乎在闪爆的同时或随即,人体就受到三种瞬时杀伤因素的作用,人们往往来不及采取措施进行防护。

(2)光辐射经反射而增强;冲击波因反射或合流可增强,超压无孔不入;早期核辐射因散射可改变作用方向,增加了防护的难度。

(3)城市遭受核袭击,顷刻间大面积的建筑物倒塌,发生大量伤亡,犹如大地震。加上火海一片,间接烧伤增多。人们在高温的废墟中熏烤,无法撤离,外部人员也难以进入抢救。

(4)核爆炸使城市水源、电源、通信、交通道路破坏;医疗机构、设施的破坏和医护人员的伤亡;严重的放射性沾染,给开展防护和救治工作造成巨大困难。在防护工作中,应全面辩证分析核武器的可防性和难防性,做好充分准备,采取各种措施,趋利避害,以提高防护效果。

4.3.3 核武器损伤的防护措施

当遭到核袭击,特别是突然袭击时,核爆炸的闪光就是警报信号,应立即采取防护措施。

1. 对核爆炸瞬时杀伤因素的防护

核爆炸瞬时杀伤因素的防护是指对核爆炸产生的冲击波、光辐射、早期核辐射及核电磁脉冲四种杀伤因素采取的防护措施,是核防护的主要内容。

1)人员在开阔地上的防护

当发现核爆炸闪光时,应立即背向爆心卧倒,同时,应半张嘴、闭眼、收腹、两手交叉垫于胸下,两肘前伸,头自然下压于两臂之间,两腿伸直并拢,暂时憋气。人员卧倒后,能减少冲击波迎风面积1/5;闭眼、遮脸、压手、头部下压,能减轻光辐射对暴露部位烧伤。

2)利用地形地物的防护

(1)利用凸起地形地物。当发现核爆炸闪光时,应尽快利用就近凸起的地形地物,如土丘、土坎和山坡等,背向爆心紧靠遮挡一侧的下方立即卧倒(注意:利用就近地形时,应避免间接伤害)。

(2)利用下凹的土坑、弹坑、沟渠、山洞、桥洞和涵洞等地形地物,均有一定防护效果。当发现闪光时,应迅速跃(滚)入坑内,身体蜷缩,跪或坐于坑内,两手掩耳、闭眼、半张嘴,暂时停止呼吸。例如,在一次百万吨级空爆试验中,隐蔽在120cm高的土坎后和涵洞内的狗无伤存活,而开阔地面上的狗受到极重烧冲复合伤,分别于伤后第2天和第4天死亡。

(3)利用建筑物。坚固的建筑物对瞬时杀伤因素具有一定的防护作用。当发现核爆炸闪光时,室外人员尽量利用墙的拐角或紧靠背向爆心一面的墙根卧倒,室内人员应尽量利用屋角或床、桌卧倒或蹲下,也可以在较小的房间或门框处躲避。注意:不要利用不坚固或易倒塌的建筑物,还有避开窗、门等处和易燃、易爆物,以免受到间接伤害。

3)利用工事防护

各类野战工事对核武器的瞬时效应都有较好的防护效果。

(1)利用掩蔽所、避弹所。当接到核袭击警报信号或发现闪光时,不担负值班任务的人员,应迅速有次序地进入工事,关好防护门,并视情况掩堵耳孔。如一次百万吨级氢弹空爆试验时,利用闪光启动,动物在一定时间内先后进入工事,均显示不同程度的防护效果。进入工事越快,效果越好,实验结果如表4-1所列。

表4-1 狗进入防护工事的实验(注:百万吨级空爆9.4km处)

进入工事的时间/h	烧伤		冲击	结局
	程度	面积/%	轻度	活存
1	燎毛		轻度	活存
2	轻度	3	轻度	活存
5	中度	5	轻度	活存
10	重度	21	轻度	活存
未进入工事	极重度	30	重度	伤后第5天死亡

(2)利用堑壕、交通壕、观察所、崖孔。当发现闪光时,应迅速进入壕、所,采取相应的措施,可避免光辐射、冲击波和早期核辐射的伤害。

崖孔(猫耳洞)有一定的自然防护层,对核袭击防护效果好,有拐弯或孔口有护板的防护效果更好。当发现核爆炸闪光时,应立即迅速向崖孔运动,曲身转体进入崖孔,关好护板或放下防护门帘;蹲(坐)下,用手掩耳。

4)利用装具、服装进行防护

人员利用防护头盔、雨衣、防毒斗篷和衣物等防护措施,在一定距离可以避免或减轻光辐射和冲击波的伤害。一般是浅色衣物(尤以白色)比深色衣物防护效果好,厚的比薄的好,密实比稀疏的好。氯丁胶雨衣、防火布比普通衣服好。

5)乘车时的防护

正在行驶的车辆,突然遇到核爆炸闪光时,驾驶员应立即停车,将身体弯状或卧伏于驾驶室内;乘车人员尽量卧倒。

6)防护器材

(1)聚氯乙烯伪装网。利用核爆炸闪光作为光电启动形成水幕屏障,对光辐射有效好的防护作用。

(2)偏振光防护眼镜对光辐射所致视网膜烧伤有很好的防护效果,可供观测、驾驶和执勤人员使用。

(3)坦克帽、耳塞或棉花等柔软物品塞于耳内,均能减轻鼓膜损伤。

(4)用任何可以挡住射线的物体,如军用水壶等,遮盖身体躯干有骨骼的部位,可减轻核辐射对造血的损伤。

7)大型兵器防护

装甲车辆、舰艇舱室等均为金属外壳,具有一定的厚度和密闭性能,能有效地屏蔽光辐射的直接烧伤,对冲击波和早期核辐射有一定的削弱作用,但若内部着火,可引起间接烧伤。

比较可知:工事防护是对核武器和各种防护中最重要最有效的措施。工事可分为平时有计划地构筑的各种永备工事和临战时根据任务和条件构筑的各种野战工事两大类。根据核武器杀伤破坏因素的特点,在工事构筑上着重考虑:对光辐射防护,主要取决于隐蔽区的大小及构筑材料的防燃性能;对冲击波防护,主要取决于工事的抗压能力和消波密闭性能;对早期核辐射防护,主要取决于工事构筑材料对核辐射的减弱能力和厚度;对放射性沾染的防护,主要取决于工事构筑材料对核辐射的减弱能力和厚度以及密闭性能。综上所述,对核武器防护效果理想的工事,在构筑上必须要求有坚固的抗压防震强度,优良的消波密闭性能和足够的防护层厚度。多种工事均有不同程度的防护效果。由于工事构筑材料、结构、形状、内部设施等不同,防护效果有明显的差异,表4-2是各种工事不同程度的防护效果。

表4-2 各种工事不同程度的防护效果

工事种类	烧伤	冲击伤	核辐射	放射性沾染	致伤率轻	防护效果
垫壕	无或减轻	轻度	2~10	有	2~8	较好
崖孔	无或减轻	无或减轻	20~300	有或减轻	3~4	好
掩蔽部	无或减轻	无或减轻	600~5000	无或减轻	4~6	良好
人防工程(4,5级)	无	无或减轻	800~1500	无	6~11	很好
永备工事	无	无或减轻	10000~100000	无	基本无伤	最好

2. 对放射性沾染的防护

1）对放射性烟云沉降的防护

当听到或看到防放射烟云沉降口令或信号时，人员应迅速进入有掩盖的工事。为防止放射性灰尘沉降时随呼吸道进入人体内和降落到人的皮肤上，要及时戴上防尘口罩或防毒面具，披上防毒斗篷或雨衣、塑料布，并扎好领口、袖口和裤口。室内人员应立即关好门窗、贴好密封条、堵住孔口，密封食品、饮水。为减轻照射和沾染伤害，还应提前服用预防药物，口服碘化钾等。

2）通过沾染区的防护

在接近沾染区时，应首先检查武器装备、防护器材是否完好，个人着装和武器携带是否便于行动和防护；其次，口服抗辐射药物，如硫辛酸二乙胺基乙酯、雌三醇与某些硫氢化合物等；再次，利用制式或简易器材进行全身防护，并将粮食、蔬菜和食品等装袋，遮盖好。通过沾染区时，应尽量避开辐射水平高的地区，以减少吸收剂量。人员之间应保持适当距离，加快行进速度，并避免扬起灰尘。如有条件可乘车通过，尽量缩短停留时间。

3）在沾染区内的防护

在不影响执行任务的前提下，充分利用有防护设施的工事进行防护。为减轻外照射和沾染，应尽量减少在工事外活动。暴露人员应带口罩或面具、扎三口、穿（披）雨衣或斗篷、带手套，并服用抗辐射药物。不接触受染物体，不准随地坐卧和吸烟，尽量不喝水和进食。

总之，对核武器损伤的防护，内容广泛，任务艰巨，必须做到军队防护与人民群众防护相结合，医学防护与其他各种防护相结合，群众性防护与专业技术分队防护相结合，使用制式装备防护与开展简易防护相结合。

4.3.4 《防止核武器扩散条约》的签署与实施

1968年7月，美、苏、英三国签署了《防止核武器扩散条约》，条约规定：有核缔约国不得将核武器让给任何领受者；无核缔约国不得拥有核武器，并要接受国际原子能机构的检查。《防止核武器扩散条约》对核大国的军备竞赛未作任何限制，也不禁止核技术的和平利用，却对无核国家作了严格的规定和限制。

在德国马克斯·晋朗克和荷兰保罗·克鲁岭等科学家相继提出"核冬天"理论以及发生系列核事故（特别是切尔诺贝利电站核事故）之后，国际社会的反核舆论和反核行动日益高涨。美国、苏联等核大国，利用国际原子能机构，大力推行核控制，经过他们各种手段的威逼利诱，很多国家相继在《防止核武器扩散条约》上签字。目前,除以色列、印度和巴基斯坦3国外,联合国191个成员国中,已有188个国家在《防止核武器扩散条约》上签字。反核武器扩散及反对核走私成为国际间共同的声音。但是,由于《防止核武器扩散条约》对核大国、有核国家和无核国家不是平等的,故仍有一些国家未在该条约上签字。

《防止核武器扩散条约》于1970年3月5日开始生效。《防止核武器扩散条约》不禁止核技术的和平利用。众所周知,核军备发展与核和平利用之间,没有不可逾越的鸿沟,核原料既可用于制作军用的核弹,又可用于其他各种民用核设备,只不过军用核原料往往比民用核原料要求高,需要进一步特殊加工。

4.4 核燃料的浓缩与核废料的处理

4.4.1 核燃料的浓缩

原子弹的裂变装料主要是铀235、钚239和铀233等。铀是最基本的裂变装料,是制造原子弹的基础,没有铀就很难制造出原子弹。

天然铀包含铀234、铀235和铀238三种同位素,分布在地球的地壳和水圈中。地壳中铀含量约为0.0004%,少数富矿中铀含量为1%～4%,以化合物成矿。在天然铀中,铀234含量可以忽略,铀238占99.3%,而铀235仅占0.7%。用于核电站的铀燃料,铀235的丰度需达到3%左右,而核武器用的铀,铀235丰度需要达到90%以上。因此,需要从天然铀中对铀235进行富集(或称浓缩)。

铀的开采和冶炼都很困难。得到铀235丰度在90%以上的武器级铀,最困难的是进行同位素分离。铀同位素之间除原子质量存在差别外,其物理性质也存在微小的差别,利用这些差异,采用某种物理或化学方法将某一同位素分离出来的过程叫同位素分离。从铀同位素中分离铀235主要有电磁分离法、气体扩散法、离心机分离法和激光分离法4种。

1. 电磁分离法

电磁分离法的原理是用巨大的磁铁产生磁场,经过气化和电离的挥发性铀盐离子送入磁场后,铀235和铀238的质量不同,因而,在磁场中产生的动量不同,回转半径也不同,将它们分别收集到两个不同的容器中。铀238离子较重,回转半径大,进入磁场外圆的收集器;铀235离子轻些,回转半径小,则进入磁场内圆的收集器,即可把铀235分离出来了。经过一次分离,内圆收集器里难免也有一些铀238。将内圆收集器里的同位素再进行分离,如此反复经过若干次的分离后,内圆收集器里的铀235就可以富集到要求的丰度。

2. 气体扩散法

气体扩散法的原理是利用气体热运动平衡时,质量不同的分子平均动能相同而速度不同的特性进行分离。六氟化铀在65℃时就会气化,不断地将六氟化铀气体向有大量微孔(直径约为0.01μm)的薄膜压送,让气体分子互不碰撞地自由通过这些微孔。由于含铀235的气体分子比含铀238的气体分子轻,热运动速度较大,容易通过薄膜。通过薄膜后的气体中,含铀235的气体分子比例高,铀235得到一定程度的富集而未通过薄膜的气体中,留下铀238的气体分子比例高,铀238得到一定程度的富集,从而实现两种同位素的分离。通过一个扩散级铀235的相对丰度只提高百分之零点几,因此,必须把多个扩散级串联起来,构成级联装置。经过几千级的分离,最终可得到丰度90%以上的武器级铀。例如,美国橡树岭的铀浓缩厂就有4384个扩散级。

3. 离心机分离法

离心机分离法的原理是:根据质量不同的物体,作相同角速度的圆周运动时,所受到的离心力不同,因而抛撒的落点不同而进行分离。在高速旋转的离心机中,含铀238的六氟化铀分子较重,受到的离心力大,落点靠近外周;含铀235的六氟化铀分子较轻,受到的离心力小,则聚集在轴线附近。从外周和中心分别引出气流,就可实现同位素的初步分离。与气体扩散法一样,也必须将若干台离心机串联起来,经过若干次分离,最后才可以得到武器级铀。一个大型的同位素离心机分离厂往往需要安装一二百万台离心机。

4. 激光分离法

激光分离法是一种新的同位素分离技术。同位素的质量不同,其能级(原子核外层的电子运动的轨道)也不同,由低能级激发到高能级时的吸收光谱也有差异。用不同波长的激光激发其中的一种同位素,就可以利用激发态与非激发态同位素在物理和化学性质上的差异,用适当的方法将其分离。用激光将同位素激发,再用电磁法收集,效率可以大大提高。激光同位素分离只需要一个分离机,体积小,耗电少。

激光同位素分离有两种不同的工艺:一种是分子激光同位素分离;另一种是原子蒸气激光同位素分离。在分子激光同位素分离工艺中,在-220℃下,用氮稀释六氟化铀气体,用一台激光器激发这种气体(这种激光器对铀238不起作用),再用一台激光器(如铜蒸气激光器)分解已激发的分子,生成五氟化铀,以白色粉末单色形式被回收,用作进一步分离。

在原子蒸气分离工艺中,用聚焦电子束在真空中把铀锭加热到 3000℃,使铀金属汽化成铀 235 和铀 238 的原子状态,用激光器将铀蒸气中的铀 235 原子电离(这种激光器对铀 238 不起作用),再用电磁分离法将电离了的铀 235 离子收集。钚 239 的制备是在核反应堆中用中子轰击铀 238 制成的,钚 239 的生产工序也很复杂,主要有反应堆辐照、辐照冷却期、分离和还原成金属 4 步;铀 233 在自然界中也不存在,它是用钍 232 在核反应堆中经中子照射后制成,同样用化学方法把照射产物中的铀 233 分离出来。其化学分离工艺与钚的相同,只不过要选择和配制不同的萃取溶剂而已。

4.4.2 核废料的处理

核废料泛指在核燃料生产、加工和核反应堆用过的、不需要的并具有放射性的废料,也专指核反应堆用过的乏燃料,经后处理回收钚 239 等可利用的核燃料后,余下的不再需要的并具有放射性的废料。乏燃料是指核燃料在反应堆中发生裂变反应后的物质,即辐射达到计划卸料的燃耗后从堆中卸出,且不再在该堆中使用的核燃料。核废料的处理主要是指乏燃料的后处理和高放废物的处理。

1. 乏燃料的后处理

对反应堆中用过的核燃料(乏燃料)进行化学处理,以除去裂变产物等杂质并回收易裂变核素和可转换核素以及一些其他可利用物质的过程,称为乏燃料(核燃料)后处理。其主要任务包括:回收铀和钚,作为核燃料重新使用;去除铀、钚中的放射性裂变产物和吸收中子的裂变产物;综合处理放射性废物,使其适合于长期安全储存。因此,乏燃料后处理厂主要的商业产品是铀和钚。

目前被各国广泛使用的回收铀和钚的乏燃料后处理流程就是萃取回收铀、钚(plutonium and uranium recovery by extraction,PUREX)流程。它是采用磷酸三丁酯为萃取剂,从乏燃料硝酸溶解液中分离回收其溶剂萃取流程。

2. 高放废物的处理

高放废物的全称为高水平放射性废物,是指含有放射性核素或被放射性核素污染后其放射性浓度或放射性比活度超过国家规定限值的废弃物。

世界各国对高放废液主要采取浓缩减容后,用不锈钢槽暂时储存酸性高放废液或直接进行玻璃固化。放射性废液固化的目的是减少放射性向自然环境扩散污染的能力,从而增加储存的安全性。对低、中放废液的固化,因其废水量大,必须考虑经济效益,其固化方法有水泥、沥青和塑料固化;对高放废液的固化则采用玻璃固化、煅烧固化和陶瓷固化等。玻璃固化是将高放废液与玻璃原料以一定的配料比混合后,在高温(900~1200℃)下熔融,经退火处理后即可转化为稳定的玻璃固化体;煅烧固化是将高放废液在低温下蒸发、脱水、脱硝,将得到的残渣在高温下煅烧使金属盐分解成固体颗粒或稳定的氧化物颗粒;陶瓷固化的原理与玻璃固化原理相似,只是加入的固化剂为陶瓷原料而已。

由于高放废物含的核素半衰期长(24400年),要让它们衰变到无害水平,需储存几十万年。所以,国外也把这类废物的永久储存称为"最终处置"。到目前为止,很难找到一种合适的处理方式保证在几十万年内这些放射性核素不会返回人类生物圈。各国科学家为了对放射性废物进行最终处置,做了大量的科研工作,提出许多处置方案,其中对于深地质层储存研究得较多,较为成功的是地下盐矿。设计处置场时,应先设计地面或地下临时储存高放废物的场地,经临时储存几十年,废物释热率明显下降后,再转移到深地质层作永久储存。处置场可分层布局储存库房,或以其他形式布局(平面或立体的)库房。高放废物置放在洞穴内,其空间需回填密封,一般要求回填材料对核素具有很好的吸附能力并控制进入洞穴的地下水的pH值和氧化还原电位,以防容器腐蚀和放射性核素的浸出。

习 题

1. 什么是核武器,核武器有什么优缺点?
2. 核武器损伤防护有哪些措施,简要回答。
3. 核燃料浓缩的常用方法有哪些?
4. 核反应与化学反应有什么不同?

第5章
化学与军用材料

5.1 军用新材料概述

5.1.1 材料概念及分类

材料是人类赖以生存和发展的物质基础。20世纪70年代人们把信息、材料和能源誉为当代文明的三大支柱。80年代以高技术群为代表的新技术革命,又把新材料、信息技术和生物技术并列为新技术革命的重要标志。这主要是因为材料与国民经济建设、国防建设和人民生活密切相关。材料除了具有重要性和普遍性以外,还具有多样性。由于材料多种多样,分类方法也就没有一个统一标准。

材料是物质,但不是所有物质都可以称为材料。如燃料和化学原料、工业化学品、食物和药物,一般都不算是材料。但是这个定义并不那么严格,如炸药、固体火箭推进剂,一般称为"含能材料",因为它属于火炮或火箭的组成部分。由于多种多样,分类方法也就没有一个统一标准。

按物理化学属性分为金属材料、无机非金属材料(如陶瓷、砷化镓半导体等)、有机高分子材料、先进复合材料四大类。按材料性能分为结构材料和功能材料。结构材料主要是利用材料的力学和理化性能,以满足高强度、高刚度、高硬度、耐高温、耐磨、耐蚀、抗辐照等性能要求;功能材料主要是利用材料具有的电、磁、声、光热等效应,以实现某种功能,如半导体材料、磁性材料、光敏材料、热敏材料、隐身材料和制造原子弹、氢弹的核材料等。从应用领域来分,又分为电子材料、航空航天材料、核材料、建筑材料、能源材料、生物材料等。

5.1.2 军用新材料

新材料,又称先进材料,是指新近研究成功的和正在研制中的具有优异特性和功能,能满足高技术需求的新型材料。人类历史的发展表明,材料是社会发展的物质基础和先导,而新材料则是社会进步的里程碑。材料技术一直是世界各国科技发展规划之中的一个十分重要的领域,它与信息技术、生物技术、能源技术一起,被公认为是当今社会及今后相当长时间内总揽人类全局的高技术。材料高技术不仅是支撑当今人类文明的现代工业关键技术,也是一个国家国防力量最重要的物质基础。国防工业往往是新材料技术成果的优先使用者,新材料技术的研究和开发对国防工业和武器装备的发展起着决定性的作用。军用新材料是新一代武器装备的物质基础,也是当今世界军事领域的关键技术。而军用新材料技术则是用于军事领域的新材料技术,是现代精良武器装备的关键,是军用高技术的重要组成部分。世界各国对军用新材料技术的发展给予了高度重视,加速发展军用新材料技术是保持军事领先的重要前提。军用新材料按其用途可分为结构材料和功能材料两大类,主要应用于航空工业、航天工业、兵器工业和船舰工业中。

1. 常见军用结构材料

1) 铝合金

铝合金一直是军事工业中应用最广泛的金属结构材料。铝合金具有密度低、强度高、加工性能好等特点,作为结构材料,因其加工性能优良,可制成各种截面的型材、管材、高筋板材等,以充分发挥材料的潜力,提高构件刚度、强度。所以,铝合金是武器轻量化首选的轻质结构材料。

铝合金在航空工业中主要用于制造飞机的蒙皮、隔框、长梁和桁条等;在航天工业中,铝合金是运载火箭和宇宙飞行器结构件的重要材料,在兵器领域,铝合金已成功地用于步兵战车和装甲运输车上,最近研制的榴弹炮炮架也大量采用了新型铝合金材料。

近年来,铝合金在航空航天业中的用量有所减少,但它仍是军事工业中主要的结构材料之一。铝合金的发展趋势是追求高纯、高强、高韧和耐高温,在军事工业中应用的铝合金主要有铝锂合金、铝铜合金(2000 系列)和铝锌镁合金(7000 系列)。

新型铝锂合金应用于航空工业中,预测飞机重量将下降 8%～15%;铝锂合金同样也将成为航天飞行器和薄壁导弹壳体的候选结构材料。随着航空航天业的迅速发展,铝锂合金的研究重点仍然是解决厚度方向的韧性差和降低成本的问题。

2) 镁合金

镁合金作为最轻的工程金属材料,具有密度小、比强度及比刚度高、阻尼性及导热性好、电磁屏蔽能力强、以及减振性好等一系列独特的性质,极大地满足了航空航天、现代武器装备等军工领域的需求。

镁合金在军工装备上有诸多应用,如坦克座椅骨架、车长镜、炮长镜、变速箱箱体、发动机机滤座、进出水管、空气分配器座、机油泵壳体、水泵壳体、机油热交换器、机油滤清器壳体、气门室罩、呼吸器等车辆零部件;战术防空导弹的支座舱段与副翼蒙皮、壁板、加强框、舵板、隔框等弹箭零部件;歼击机、轰炸机、直升机、运输机、机载雷达、地空导弹、运载火箭、人造卫星等飞船飞行器构件。镁合金重量轻、比强度和刚度好、减振性能好、电磁干扰、屏蔽能力强等特点能满足军工产品对减重、吸噪、减振、防辐射的要求。在航空航天和国防建设中占有十分重要的地位,是飞行器、卫星、导弹以及战斗机和战车等武器装备所需的关键结构材料。

3) 钛合金

钛合金具有较高的抗拉强度(441~1470MPa)、较低的密度(4.5g/cm^3),优良的抗腐蚀性能,在300~550℃温度下有一定的高温持久强度和很好的低温冲击韧性,是一种理想的轻质结构材料。钛合金具有超塑性的功能特点,采用超塑成形-扩散连接技术,可以以很少的能量消耗和材料消耗将合金制成形状复杂和尺寸精密的制品。

钛合金在航空工业中的应用主要是制作飞机的机身结构件、起落架、支撑梁、发动机压气机盘、叶片和接头等;在航天工业中,钛合金主要用来制作承力构件、框架、气瓶、压力容器、涡轮泵壳、固体火箭发动机壳体及喷管等零部件。20世纪50年代初,在一些军用飞机上开始使用工业纯钛制造后机身的隔热板、机尾罩、减速板等结构件;60年代,钛合金在飞机结构上的应用扩大到襟翼滑轧、承力隔框、起落架梁等主要受力结构中;70年代以来,钛合金在军用飞机和发动机中的用量迅速增加,从战斗机扩大到军用大型轰炸机和运输机,它在F14和F15飞机上的用量占结构重量的25%,在F100和TF39发动机上的用量分别达到25%和33%;80年代以后,钛合金材料和工艺技术达到了进一步发展,一架B1B飞机需要90402kg钛材。现有的航空航天用钛合金中,应用最广泛的是多用途的a+b型Ti-6Al-4V合金。近年来,西方和俄罗斯相继研究出两种新型钛合金,它们分别是高强高韧可焊及成形性良好的钛合金和高温高强阻燃钛合金,这两种先进钛合金在未来航空航天领域中具有良好的应用前景。

随着现代战争的发展,陆军部队需求具有威力大、射程远、精度高、有快速反应能力的多功能的先进加榴炮系统。先进加榴炮系统的关键技术之一是新材料技术。自行火炮炮塔、构件、轻金属装甲车用材料的轻量化是武器发展的必然趋势。在保证动态与防护的前提下,钛合金在陆军武器上有着广泛的应用。在主战坦克及直升机-反坦克多用途导弹上的一些形状复杂的构件可用钛合金制造,这既能满足产品的性能要求又可减少部件的加工费用。

在过去相当长的时间里,钛合金由于制造成本昂贵,应用受到了极大的限制。近年来,世界各国正在积极开发低成本的钛合金,在降低成本的同时,还要提高钛合金的性能。在我国,钛合金的制造成本还比较高,随着钛合金用量的逐渐增大,寻求较低的制造成本是发展钛合金的必然趋势。

4)复合材料

先进复合材料是比通用复合材料有更高综合性能的新型材料,它包括树脂基复合材料、金属基复合材料、陶瓷基复合材料和碳基复合材料等,它在军事工业的发展中起着举足轻重的作用。先进复合材料具有高的比强度、高的比模量、耐烧蚀、抗侵蚀、抗核、抗粒子云、透波、吸波、隐身、抗高速撞击等一系列优点,是国防工业发展中最重要的一类工程材料。

(1)树脂基复合材料。树脂基复合材料具有良好的成形工艺性、高的比强度、高的比模量、低的密度、抗疲劳性、减振性、耐化学腐蚀性、良好的介电性能、较低的热导率等特点,广泛应用于军事工业中。树脂基复合材料可分为热固性和热塑性两类。热固性树脂基复合材料是以各种热固性树脂为基体,加入各种增强纤维复合而成的一类复合材料;而热塑性树脂则是一类线性高分子化合物,它可以溶解在溶剂中,也可以在加热时软化和熔融变成黏性液体,冷却后硬化成为固体。树脂基复合材料具有优异的综合性能,制备工艺容易实现,原料丰富。在航空工业中,树脂基复合材料用于制造飞机机翼、机身、鸭翼、平尾和发动机外涵道;在航天领域,树脂基复合材料不仅是方向舵、雷达、进气道的重要材料,而且可以制造固体火箭发动机燃烧室的绝热壳体,也可用作发动机喷管的烧蚀防热材料。近年来研制的新型氰酸树脂复合材料具有耐湿性强,微波介电性能佳,尺寸稳定性好等优点,广泛用于制作宇航结构件、飞机的主次承力结构件和雷达天线罩。

(2)金属基复合材料。金属基复合材料具有高的比强度、高的比模量、良好的高温性能、低的热膨胀系数、良好的尺寸稳定性、优异的导电导热性,在军事工业中得到了广泛的应用。铝、镁、钛是金属基复合材料的主要基体,而增强材料一般可分为纤维、颗粒和晶须三类,其中颗粒增强铝基复合材料已进入型号验证,如用于F-16战斗机作为腹鳍代替铝合金,其刚度和寿命大幅度提高。碳纤维增强铝、镁基复合材料具有高比强度的同时,还有接近于零的热膨胀系数和良好的尺寸稳定性,成功地用于制作人造卫星支架、低频带平面天线、空间望远镜、人造卫星抛物面天线等;碳化硅颗粒增强铝基复合材料具有良好的高温性能和抗磨损的特点,可用于制作火箭、导弹构件,红外及激光制导系统构件,精密航空电子器件等；碳化硅纤维增强钛基复合材料具有良好的耐高温和抗氧化性能，是高推重比发动机的理想结构材料，目前已进入先进发动机的试车阶段。在兵器工业领域，金属基复合材料可用于大口径尾翼稳定脱壳穿甲弹弹托，反直升机/反坦克多用途导弹固体发动机壳体等零部件，以此减轻战斗部重量，提高作战能力。

（3）陶瓷基复合材料。陶瓷基复合材料是以纤维、晶须或颗粒为增强体，与陶瓷基体通过一定的复合工艺结合在一起组成的材料的总称，由此可见，陶瓷基复合材料是在陶瓷基体中引入第二相组元构成的多相材料，它克服了陶瓷材料固有的脆性，已成为当前材料科学研究中最为活跃的一个方面。陶瓷基复合材料具有密度低、比强度高、热力学性能和抗热震冲击性能好的特点，是未来军事工业发展的关键支撑材料之一。陶瓷材料的高温性能虽好，但其脆性大。改善陶瓷材料脆性的方法包括相变增韧、微裂纹增韧、弥散金属增韧和连续纤维增韧等。陶瓷基复合材料主要用于制作飞机燃气涡轮发动机喷嘴阀，它在提高发动机的推重比和降低燃料消耗方面具有重要的作用。

（4）碳碳复合材料。碳碳复合材料是由碳纤维增强剂与碳基体组成的复合材料。碳碳复合材料具有比强度高、抗热震性好、耐烧蚀性强、性能可设计等一系列优点。碳碳复合材料的发展和航空航天技术提出的苛刻要求紧密相关。20世纪80年代以来，碳碳复合材料的研究进入了提高性能和扩大应用阶段。在军事工业中，碳碳复合材料最引人注目的应用是航天飞机的抗氧化碳碳鼻锥帽和机翼前缘，用量最大的碳碳产品是超声速飞机的刹车片。碳碳复合材料在宇航方面主要用作烧蚀材料和热结构材料，具体而言，它是用作洲际导弹弹头的鼻锥帽、固体火箭喷管和航天飞机的机翼前缘。目前先进的碳碳喷管材料密度为$1.87 \sim 1.97 g/cm^3$，环向拉伸强度为$75 \sim 115 MPa$。

随着现代航空技术的发展，飞机装载质量不断增加，飞行着陆速度不断提高，对飞机的紧急制动提出了更高的要求。碳碳复合材料质量轻、耐高温、吸收能量大、摩擦性能好，用它制作刹车片用于高速军用飞机中。

（5）超高强度钢。超高强度钢是屈服强度和抗拉强度分别超过1200MPa和1400MPa的钢，它是为了满足飞机结构上要求高比强度的材料而研究和开发的。超高强度钢大量用于制造火箭发动机压容器和一些常规武器。由于钛合金和复合材料在飞机上应用的扩大，钢在飞机上用量有所减少，但是飞机上的关键承力构件仍采用超高强度钢制造。目前，在国际上有代表性的低合金超高强度钢300M，是典型的飞机起落架用钢。此外，低合金超高强度钢D6AC是典型的固体火箭发动机壳体材料。超高强度钢的发展趋势是在保证超高强度的同时，不断提高韧性和抗应力腐蚀能力。

（6）先进高温合金。高温合金是航空航天动力系统的关键材料。高温合金是在600~1200℃高温下能承受一定应力并具有抗氧化和抗腐蚀能力的合金，它是航空航天发动机涡轮盘的首选材料。按照基体组元的不同，高温合金分为铁基、镍基和钴基三大类。发动机涡轮盘在20世纪60年代前一直是用锻造高温合金制造，典型的牌号有A286和Inconel718。70年代，美国GE公司采用快速凝固粉末Rene95合金制作了CFM56发动机涡轮盘，大大增加了它的推重比，使用温度显著提高。从此，粉末冶金涡轮盘得以迅速发展。最近美国采用喷射沉积快速凝固工艺制造的高温合金涡轮盘，与粉末高温合金相比，工序简单、成本降低，具有良好的锻造加工性能，是一种有极大发展潜力的制备技术。

(7) 钨合金。钨的熔点在金属中最高，其突出的优点是高熔点带来材料良好的高温强度与耐蚀性，在军事工业特别是武器制造方面表现出了优异的特性。在兵器工业中它主要用于制作各种穿甲弹的战斗部。钨合金通过粉末预处理技术和大变形强化技术，细化了材料的晶粒，拉长了晶粒的取向，以此提高材料的强韧性和侵彻威力。我国研制的主战坦克125Ⅱ型穿甲弹钨芯材料为W－Ni－Fe，采用变密度压坯烧结工艺，平均性能达到抗拉强度1200MPa，延伸率为15%以上，战技指标为2000m距离击穿600mm厚均质钢装甲。目前钨合金广泛应用于主战坦克大长径比穿甲弹、中小口径防空穿甲弹和超高速动能穿甲弹用弹芯材料，这使各种穿甲弹具有更为强大的击穿威力。

(8) 金属间化合物。金属间化合物具有长程有序的超点阵结构，保持很强的金属键结合，使它们具有许多特殊的理化性质和力学性能。金属间化合物具有优异的热强性，近年来已成为国内外积极研究的重要的新型高温结构材料。在军事工业中，金属间化合物已被用于制造承受热负荷的零部件上，如美国普奥公司制造了JT90燃气涡轮发动机叶片，美国空军用钛铝制造小型飞机发动机转子叶片等，俄罗斯用钛铝金属间化合物代替耐热合金作活塞顶，大幅度地提高了发动机的性能。在兵器工业领域，坦克发动机增压器涡轮材料为K18镍基高温合金，因其密度大、起动惯量大而影响了坦克的加速性能，应用钛铝金属间化合物及其由氧化铝、碳化硅纤维增强的复合轻质耐热新材料，可以大大改善坦克的起动性能，提高战场上的生存能力。此外，金属间化合物还可用于多种耐热部件，减轻重量，提高可靠性与战技指标。

(9) 结构陶瓷。陶瓷材料是当今世界上发展最快的高技术材料，它已经由单相陶瓷发展到多相复合陶瓷。结构陶瓷材料因其耐高温、低密度、耐磨损及低的热膨胀系数等诸多优异性能，在军事工业中有着良好的应用前景。

近年来，国内外对军用发动机用结构陶瓷进行了内容广泛的研究工作，如发动机增压器小型涡轮已经实用化；美国将陶瓷板镶嵌在活塞顶部，使活塞的使用寿命大幅度提高，同时也提高了发动机的热效率。德国在排气口镶嵌陶瓷构件，提高了排气口的使用效能。国外红外热成像仪上的微型斯特林制冷机活塞套和气缸套用陶瓷材料制造,其寿命长达2000h;导弹用陀螺仪的动力靠火药燃气供给,但燃气中的火药残渣对陀螺仪有严重损伤,为消除燃气中的残渣并提高导弹的命中精度,需研究适于导弹火药气体在2000℃下工作的陶瓷过滤材料。在兵器工业领域,结构陶瓷广泛应用于主战坦克发动机增压器涡轮、活塞顶、排气口镶嵌块等,是新型武器装备的关键材料。目前,20~30mm口径机关枪的射频要求达到1200发/min以上,这使炮管的烧蚀极为严重。利用陶瓷的高熔点和高温化学稳定性能有效地抑制了严重的炮管烧蚀,陶瓷材料具有高的抗压和抗蠕变特性,通过合理设计,使陶瓷材料保持三向压缩状态,克服其脆性,保证陶瓷衬管的安全使用。

2. 军用功能材料

1) 光电功能材料

光电功能材料是指在光电子技术中使用的材料,它能将光电结合的信息传输与处理,是现代信息科技的重要组成部分。光电功能材料在军事工业中有着广泛的应用。碲镉汞、锑化铟是红外探测器的重要材料;硫化锌、硒化锌、砷化镓主要用于制作飞行器、导弹以及地面武器装备红外探测系统的窗口、头罩、整流罩等。氟化镁具有较高的透过率、较强的抗雨蚀、抗冲刷能力,它是较好的红外透射材料。激光晶体和激光玻璃是高功率和高能量固体激光器的材料,典型的激光材料有红宝石晶体、掺钕钇铝石榴石、半导体激光材料等。

2) 贮氢材料

某些过渡簇金属、合金和金属间化合物,由于其特殊的晶格结构的原因,氢原子比较容易透入金属晶格的四面体或八面体间隙位中,形成金属氢化物,这种材料称为贮氢材料。

在兵器工业中,坦克车辆使用的铅酸蓄电池因容量低、自放电率高而需经常充电,此时维护和搬运十分不便。放电输出功率容易受电池寿命、充电状态和温度的影响,在寒冷的气候条件下,坦克车辆起动速度会显著减慢,甚至不能起动,这样就会影响坦克的作战能力。贮氢合金蓄电池具有能量密度高、耐过充、抗振、低温性能好、寿命长等优点,在未来主战坦克蓄电池发展过程中具有广阔的应用前景。

3) 阻尼减振材料

阻尼是指一个自由振动的固体即使与外界完全隔离,它的力学性能也会转变为热能的现象。采用高阻尼功能材料的目的是减振降噪。因此阻尼减振材料在军事工业中具有十分重要的意义。国外金属阻尼材料的应用主要集中在船舶、航空、航天等工业部门。美国海军已采用 Mn-Cu 高阻尼合金制造潜艇螺旋桨,取得了明显的减振效果。在西方,阻尼材料及技术在武器上的应用研究工作受到了极大的关注,一些发达国家专门成立了阻尼材料在武器装备上应用的研究机构。20 世纪 80 年代后,国外阻尼减振降噪技术有了更大的发展,他们借助 CAD/CAM 在减振降噪技术中的应用,把设计-材料-工艺-试验一体化,进行了整体结构的阻尼减振降噪设计。我国在 70 年代前后进行了阻尼减振降噪材料的研究工作,并取得了一定的成果,但与发达国家相比,仍有一定的差距。阻尼材料在航空航天领域主要用于制造火箭、导弹、喷气机等控制盘或陀螺仪的外壳;在船舶工业中,阻尼材料用于制造推进器、传动部件和舱室隔板,有效地降低了来自于机械零件啮合过程中表面碰撞产生的振动和噪声。在兵器工业中,坦克传动部分(变速箱,传动箱)的振动是一个复杂振动,频率范围较宽,高性能阻尼锌铝合金和减振耐磨表面熔敷材料技术的应用,大大减轻了主战坦克传动部分产生的振动和噪声。

4) 隐身材料

现代攻击武器的发展,特别是精确打击武器的出现,使武器装备的生存力受到了极大的威胁,单纯依靠加强武器的防护能力已不实际。采用隐身技术,使敌方的探测、制导、侦察系统失去功效,从而尽可能地隐蔽自己,掌握战场的主动权。抢先发现并消灭敌人,已成为现代武器防护的重要发展方向。隐身技术的最有效手段是采用隐身材料。国外隐身技术与材料的研究始于第二次世界大战期间,起源在德国,发展在美国并扩展到英、法、俄罗斯等先进国家。目前,美国在隐身技术和材料研究方面处于领先水平。在航空领域,许多国家都已成功地将隐身技术应用于飞机的隐身;在常规兵器方面,美国对坦克、导弹的隐身也已开展了不少工作,并陆续用于装备,如美国 M1A1 坦克上采用了雷达波和红外波隐身材料,苏联 T-80 坦克也涂敷了隐身材料。

隐身材料有毫米波结构吸波材料、毫米波橡胶吸波材料和多功能吸波涂料等,它们不仅能够降低毫米波雷达和毫米波制导系统的发现、跟踪和命中的概率,而且能够兼容可见光、近红外伪装和中远红外热迷彩的效果。

近年来,国外在提高与改进传统隐身材料的同时,正致力于多种新材料的探索。晶须材料、纳米材料、陶瓷材料、手性材料、导电高分子材料等逐步应用到雷达波和红外隐身材料,使涂层更加薄型化、轻量化。纳米材料因其具有极好的吸波特性,同时具备了宽频带、兼容性好、厚度薄等特点,发达国家均把纳米材料作为新一代隐身材料加以研究和开发;国内毫米波隐身材料的研究起步于 80 年代中期,研究单位主要集中在兵器系统。经过多年的努力,预研工作取得了较大进展,该项技术可用于各类地面武器系统的伪装和隐身,如主战坦克、155mm 先进加榴炮系统及水陆两用坦克。

目前,世界上正在研制的第四代超声速歼击机,其机体结构采用复合材料、翼身融合体和吸波涂层,使其真正具有了隐身功能,而电磁波吸收型涂料、电磁屏蔽型涂料已开始在隐身飞机上涂装;美国和俄罗斯的地对空导弹正在使用轻质、宽频带吸收、热稳定性好的隐身材料。可以预见,隐身技术的研究和应用已成为世界各国国防技术中最重要的课题之一。

3. 功能与结构一体化材料——超材料

"超材料"指的是一些具有人工设计的结构并呈现出天然材料所不具备的超常物理性质的复合材料,是 21 世纪以来出现的一类新材料,其具备天然材料所不具备的特殊性质,而且这些性质主要来自人工的特殊结构。超常物理性质主要由新奇的人工结构决定,新奇的人工结构包括单元结构(人工原子和人工分子)和单元结构集合而成的复合结构两个层次。

根据超材料的功能不同,目前超材料大致可分为四类:电磁超材料、声学超材料、热学超材料和机械超材料,根据其具体的原理和应用领域不同,将上述四类超材料进一步细分为:电磁隐身超材料、电磁吸收超材料、太赫兹电磁超材料等;声隐身超材料、声波吸收超材料、声波聚焦超材料等;热流控制超材料、热隐身超材料和热辐射超材料等;吸能超材料、负泊松比超材料、最大体模量超材料等。

超材料是通过在材料关键物理尺寸上的结构有序设计,突破某些表观自然规律的限制,获得超出自然界原有普通物理特性的超常材料的技术。超材料是一个具有重要军事应用价值和广泛应用前景的前沿技术领域,将对未来武器装备发展和作战产生革命性影响。电磁防护超材料研究的重大科学价值及其在国防领域呈现出的革命性应用前景,得到了美国、欧盟、俄罗斯、日本等政府以及波音、雷声等机构的强力关注,已是国际上最热门、最受瞩目的前沿高技术之一。随着研究的不断深入,电磁防护超材料的作用频段已从微波发展到太赫兹以及光波段,并在隐身材料、小型化微波器件、高效平面天线等领域不断得到应用。超材料未来最有可能在以下方向得到突破:

(1)设计新型隐身材料,实现轻薄化、全频段、智能化隐身。隐身是近年来出镜率最高的超材料应用,也是电磁防护超材料研究最为集中的方向,美国的 F-35 战斗机与 DDG1000 大型驱逐舰均应用了超材料隐身技术。首个高效超薄吸波超材料是由波士顿大学的 Padilla 等提出并实现的,该吸收器采用双层结构,厚度仅为 $\lambda/2$,吸收率可以高达 99.997%,但不具有良好的角度吸收特性,80% 吸收带宽只有 ±5° 左右。雷声公司在金属微结构频率选择表面嵌入可变电容,通过控制加载在可变电容上的偏置电压,可改变频率选择表面的电磁参数,从而实现材料透波特性的人工控制,可应用于各种先进雷达系统和下一代隐身战机的智能隐身蒙皮。

(2)与传统电磁防护材料复合,在厚度、体积、频段等方面突破材料极限。基于传统电磁防护材料的限制和电磁防护超材料的特点,将两种材料的优势结合有望发展出新型宽频高性能电磁防护材料。

(3)实现电磁防护与电、热、力等功能的复合,满足装备在复杂电磁和严苛使用环境下的多功能需求。基于基体相与功能相复合的功能复合材料存在功能相与基体相理化特性差异、结构性与功能性互相矛盾等缺陷,不能满足复杂电磁环境和严苛使用环境对电磁防护材料的多样化需求,如耐高温多频谱隐身、宽频带透波等。电磁防护复合超材料从物理微观尺度出发,运用一体化的结构、功能多维度联合设计,实现结构、电磁与其他功能的一体化复合,可赋予电磁防护超材料耐高温、抗腐蚀、高强度等其他功能。

(4)构建新型天线和天线罩,解决现有信息装备存在的效能不高、复用性差、可重构性差等缺点。超材料在天线与天线罩领域的应用是近年来的研究热点之一,具体体现在超材料结构天线本身设计以及对天线波束的再设计。众多研究表明,将超材料应用到导弹、雷达、航天器等天线及天线罩上,可大大降低天线能耗,提高增益,拓展工作带宽,有效增强天线的聚焦性和方向性。

5.2 军用飞机材料腐蚀防护

目前军用飞机的服役寿命一般都在20年以上,随着军用飞机服役时间的增加,腐蚀将逐渐成为结构损伤的主要原因之一。特别是部署于沿海地区的军用飞机,长期处在高湿度、高盐分、多雨水、高应力、高频率等环境下,导致金属材料结构腐蚀严重。对于较隐蔽的机体结构腐蚀,腐蚀修理空间小、难度大,必要时需分解或换新大部件,修理周期难以保证,直接影响装备的可靠性和完好率。为延长军用飞机的使用寿命,保障部队正常战训及作战任务,提前预测发现腐蚀隐患,需要掌握军用飞机常用金属材料的腐蚀种类及防护修理措施。

5.2.1 军用飞机金属材料腐蚀种类及特征

1. 金属材料腐蚀种类

1)按腐蚀机理分类

按照腐蚀产生的机理,腐蚀可分为化学腐蚀和电化学腐蚀。

化学腐蚀是指金属材料与外界其他物质(水、氧气、二氧化硫、煤油、汽油等)发生纯化学反应而引起的破坏。通常发生氧化还原反应,产生腐蚀产物,如军用飞机上的金属材料受雨水或潮湿空气影响发生化学反应而出现破坏。

电化学腐蚀是指金属在电解质溶液中发生电化学作用而引起的腐蚀,主要发生在不同电位金属接触的边缘处。电化学腐蚀是最严重、最普遍的腐蚀,只要具备两种不同电位的金属、两种不同电位金属有接触、电解液作用这三个条件就会发生电化学腐蚀,如钛合金与铝合金等构件搭接处、不同材质蒙皮对缝铆接处、搭铁线与结构连接处等极易发生电化学腐蚀。

2)按腐蚀形式分类

按照腐蚀的形式可分为全面腐蚀和局部腐蚀。

全面腐蚀是指在金属材料表面出现均匀分布的腐蚀,以致整个金属材料结构变薄,影响金属结构的强度和刚度,最后破坏。

化学腐蚀和电化学腐蚀都会引起全面腐蚀,全面腐蚀会使金属材料结构变薄,强度和刚度降低。军用飞机结构的全面腐蚀通常发生在飞机结构外部,较易检测和发现,一般情况下不会造成较大事故,相比于局部腐蚀其危险性较小。全面腐蚀大多是结构表面未加防护涂层,与外界腐蚀环境长时间相互作用而产生的。

2. 金属材料腐蚀的特征

军用飞机常见金属材料腐蚀的颜色特征和外表特征如表 5-1 和表 5-2 所列。

表 5-1 常见金属材料腐蚀的颜色特征

序号	金属	腐蚀颜色特征
1	镁合金和铝合金	腐蚀初期呈灰白色斑点,发展后期呈灰白色粉末,去除腐蚀产物后材料底部会出现麻坑
2	合金钢及碳钢	腐蚀初期表面发暗,发展后变成褐色或红棕色
3	铜合金	铜合金腐蚀会产生不同腐蚀产物,腐蚀后可呈棕红色(Cu_2O)、绿色($CuCl_2$)、黑色(CuO、CuS)
4	镀锌、镀锡、镀镉零件	腐蚀产物为白色、灰色、黑色斑点或白色粉末,若基体金属材料腐蚀,则腐蚀产物颜色与机体金属材料腐蚀产物相同
5	镀铝零件	腐蚀产物呈白色或黑色,严重时表层脱落,裸露出基体金属
6	不锈钢	腐蚀后呈黑色斑坑点
7	钛合金	腐蚀产物呈白色或黑色氧化物

表 5-2 常见金属材料腐蚀的外表特征

序号	位置	外表特征
1	铆钉	铆钉断头或变形,表明蒙皮与框、梁等连接位置可能产生腐蚀
2	蒙皮	蒙皮出现针眼孔大小、目视可见的小孔,蒙皮鼓起,铆钉与蒙皮连接处凹凸不平
3	结构件对缝处	结构表面涂层脱落、鼓包隆起、裂纹等,可能该处产生了腐蚀

3. 易腐蚀部位及原因

1)起落架舱及起落装置

起落架舱属于非密封舱,在飞机起落过程及停放状态经常开关,起落装置接触的外界环境复杂,很容易受到外界潮湿空气、盐渍水分、沙石、泥土或其他外来物污染,造成金属结构腐蚀。同时,起落架舱内部有很多承力结构,在外力和腐蚀环境的共同作用下很容易产生腐蚀,如图 5-1 所示。

2)舱底区域

飞机机身舱底是很容易发生腐蚀的部位,从其他舱位渗漏来的水、油、有机气体、湿气等腐蚀介质长时间积累使舱底防腐漆层脱落,导致结构腐蚀。在日常维护过程中,目视很难达到该部位,容易发生遗漏,如图 5-2 所示。

图 5-1 起落架装置腐蚀

图 5-2 舱底部位腐蚀

3)蒙皮

一般情况下,蒙皮表面的底漆、面漆保护较好是不易发生腐蚀的,但当保护漆层因装配、修理、施工或其他原因发生严重划伤破损时,在外界雨水、潮湿空气、污染气体等腐蚀环境的作用下会很快发生腐蚀,尤其在蒙皮与长桁连接处,受堆积的污物、水气及其他腐蚀介质的影响,容易出现大面积的腐蚀,产生较多腐蚀产物,造成蒙皮鼓包,典型腐蚀情况如图 5-3 所示。

4)轴承

在制造装配过程中,由于轴承安装质量不佳,间隙调整不到位,造成轴承和轴长时间相互摩擦,加之日常维护不当,润滑不足,如选择的润滑剂不符合有关技术规定要求等,会造成轴承长期干磨发热,在与自然环境中的腐蚀介质相作用时即容易发生腐蚀,其典型腐蚀情况如图 5-4 所示。

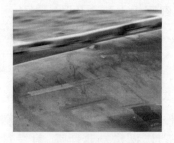

图 5-3　蒙皮腐蚀

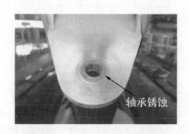

图 5-4　轴承部位腐蚀

5) 全机进气道、排气孔、排水孔及散热孔

飞机上的进气道、排气孔、排水孔、散热孔等部位及其周围区域是水和水蒸气的聚集区,为腐蚀提供了有利条件,其典型腐蚀情况如图 5-5、图 5-6 所示。

图 5-5　进气道唇口处蒙皮腐蚀

图 5-6　进气道防护网拉杆腐蚀

4. 腐蚀的检测

1) 目视检查

目视检查是腐蚀检查中最常用且直接有效的方式,目视检查可借助手电、反光镜、放大镜、工业内窥镜等工具来提高检查的准确度。此方法的缺点是不能检测隐藏腐蚀,对腐蚀损伤难以定量分析,一般作为腐蚀检查的第一步。当怀疑结构内部有腐蚀时,可以采用其他无损检测手段进行确认并定量分析。

2) 敲击法

敲击法是利用敲击棒敲击检查部位以检测腐蚀的方法,其原理是腐蚀改变了材料结构的内聚力和强度从而改变了声音共鸣时的频率,因此通过判断敲击时的声音可以确定被检测部位的腐蚀情况。此方法虽然能够在一定程度上检测出隐藏腐蚀,但精度不高,对检查者的经验和水平有很高的依赖。

3）涡流检测

涡流检测法利用电磁感应原理检测线圈中电流变化情况，由于腐蚀结构和未腐蚀结构的涡流不同，该方法可以通过检测线圈中电流变化从而对比测出缺陷，缺点是只适用于导电结构，且因有边缘效应，在接近边缘处检测灵敏度较低，同时不适用于硬磁材料。

4）X射线检测

X射线对不同材料有不同的穿透力，形成不同的底片，腐蚀在底片上大多会呈现不规则、边缘不整的斑点或块状。X射线检测适于结构复杂、有内部缺陷的部位，可做原位检查。此方法的缺点是设备昂贵、操作专业性强，射线对人体有害。

5）超声波检测

超声波检测法是利用超声波在不同介质中传播的性质来确定被测结构的腐蚀情况，适用于所有材料、所有损伤类型的检测，可准确定位腐蚀的尺寸和位置，但不同材料应采用不同的检测频率。此方法的缺点是检测者要有丰富的操作经验和专业能力，同时待测试件与探头之间需添加耦合剂。

5. 腐蚀防护

1）采用防腐设计

（1）对于飞机结构上部的口盖口框等采用密封胶液的形式防止雨水进入机身结构内部，同时在机身下部结构开有很多漏水孔、漏油孔等。

（2）为防止不同电位金属间的电化学腐蚀，在不同金属构件之间加垫一层防腐蚀绝缘层，使两者不能直接接触，从而不具备产生电化腐蚀的条件。

（3）对于飞机各种复杂形状的摇臂、导管接头、压缩器叶片、温度较高区域结构等采用阳极氧化膜保护层并涂有相应防护漆层。

2）建立保护层

金属的防护主要指合金的防护，最常用、最有效的方法是在合金表面建立保护层隔离电解液，使其不具备电化学腐蚀的条件。例如，钢制零件的镀锌层常用作螺杆、螺帽、作动筒壳体的保护，镀镉层常用作弹簧、螺钉、螺帽等的保护，镀铬层常用于制作承受摩擦钢件的镀层等。

3）定期维护

（1）针对飞机结构表面的尘土及施工过程中遗留的金属屑等其他杂物，按照工艺规程要求，可用干净抹布、洗涤油定期对飞机结构上的油污、尘土、水等杂质进行清理维护，也可采用氮气等非腐蚀性气体吹除。

（2）对飞机结构上的排气孔、排水孔、拐角、沟槽、螺纹等部位的脏污，应定期用干净抹布包在竹签上擦洗干净,在雨季或风沙较多时可视情缩短检查维护周期,油污过多时可用油液洗涤液清洗干净,再用抹布将油液擦净或用气体吹干。

(3)当飞机结构表面有轻微锈蚀时,可用干净抹布蘸煤油擦除,若锈蚀严重可用砂纸蘸上2号低温润滑脂擦磨。

(4)飞机表面防腐涂层较薄,硬度小,在使用过程中容易受到碰撞、摩擦等发生损伤,露出金属基体,对于机件外表可用油布或刷子进行均匀涂抹,机件上的缝隙、拐角、沟槽、螺纹处可用刷子蘸上润滑脂涂抹。

6. 金属材料结构腐蚀修理

金属材料结构的腐蚀修理一般分为腐蚀检查、确定腐蚀损伤等级、腐蚀修理三个部分,根据腐蚀的位置及严重程度选择不同的修理方案。

1)腐蚀检查

参照常见金属材料腐蚀的特征及其他工艺规程要求,对机体目视可达部位结构的内外表面进行目视或用10倍放大镜检查腐蚀损伤情况,检查部位一般包括:飞机蒙皮及蒙皮紧固件,不同材料接触及缝隙区域,搭铁线安装区域,口盖、口框连接件,全机排气孔、排水孔、散热孔等,起落架舱、设备舱等舱内结构,其他可达机体结构部位等。

检查结构表面涂层完整性,检查涂层有无脱落、鼓包、开裂、分层等缺陷,如不能准确判断有无腐蚀,可采用打磨或化学方法除去缺陷区域涂层,再通过目视或放大镜辅助手段检查是否存在腐蚀;对于目视不可达的区域,可采用工业内窥镜辅助进行检查,如有必要可辅以X射线、涡流、超声等无损检测手段来确定腐蚀的具体位置和腐蚀程度。对检查出的腐蚀,应记录腐蚀分布范围、腐蚀深度、周围有无裂纹等详细信息,以便确定腐蚀等级,给出合适的修理方案。

2)确定腐蚀损伤等级

按照损伤程度分类,腐蚀可分为可允许损伤、可修理损伤、不可修理损伤三类。

(1)可允许损伤:全部清除腐蚀产物后,在不作任何补强或损伤构件情况下,仅需按相应要求进行表面处理,如补漆、涂油、镀层等,不影响构件的正常使用。

(2)可修理损伤:结构腐蚀损伤较为严重,清除腐蚀产物后需进一步补强修理。

(3)不可修理损伤:凡不能按上述两条进行损伤修理的均属于不可修理损伤。

3）腐蚀修理

根据确定的不同腐蚀等级的腐蚀，按照如下处置程序处理。

(1)可允许损伤：用相应清洗剂清洗表面后，用砂布清除腐蚀产物后打磨光滑，打磨深度与范围之比为 1:20（不低于 1:10），打磨与不打磨区域交界处倒圆角过渡，然后用放大镜目视检查，确认所有腐蚀产物全部清除干净，再深打磨 0.05mm，清洗干净后，喷涂相应底漆和面漆。

(2)可修理损伤：一般情况下腐蚀深度超过材料厚度 10% 的切除腐蚀区域，按照等强度原则，选用相同材料制作加强板，进行加强修理。为了有效避免再次腐蚀，铆接前在贴合面均匀刷涂密封胶，并采用湿铆接将对缝位置进行密封。

(3)不可修理损伤：一般情况下，腐蚀深度超过材料厚度 10% 以及不可进行补强修理的位置，可拆卸螺栓、螺钉、铆钉，进行换新处理。

5.2.2　腐蚀机理研究——盐雾腐蚀试验

盐是世界上最普遍的化合物之一。在海洋、大气、陆地表面、湖泊和河流中均能发现盐。因此，使物品避免暴露在盐雾中是不可能的。盐雾环境对机械零部件及电子产品的影响仅次于温度、振动、湿热及沙尘环境。盐雾试验是研发阶段评价产品耐腐蚀能力的一项重要试验。抗盐雾测试分为两大类：一类为天然环境暴露试验；另一类为人工加速模拟盐雾环境试验。

与天然环境相比，人工盐雾环境中的氯化物浓度可以是一般天然环境盐雾含量的几倍或几十倍，腐蚀速度大大提高，对产品进行盐雾试验，得出结果的时间也大大缩短。近年来，盐雾试验箱发展愈加迅猛，已经逐步应用到各个行业中，同样在研究军用飞机的腐蚀机理、开发新材料方面也具有积极推动作用。盐雾试验最早是在 1914 年美国材料试验学会第 17 届年会上由 J. A. Capp 提出的，当时的目的是希望获得类似沿海大气的试验条件，以研究某些金属电镀层的质量和保护性能。它是将样品放在盐水的细雾中进行试验，这是盐雾试验最早的应用。1919 年起，美国国家标准局开始推广应用；1939—1961 年，ASTM 列为暂行标准，并修订多次，1962 年起列为正式标准。此后的几十年中，各国对盐雾试验日益重视，并不断地发展完善。目前，几乎所有工业化国家和发展中国家都制定了盐雾试验标准。

我国从 20 世纪 50 年代开始就与苏联等东欧国家合作，开展了产品盐雾试验工作。当时，试验的对象主要是一些军工品和一些重要的工业品。由于当时我国的工业刚刚起步，盐雾试验工作发展缓慢。到了 70 年代，随着商品经济的发展和国际贸易日益增多,作为考核产品的耐腐蚀能力的试验技术得到大量的应用和发展。

盐雾试验方法:按照国际和国家标准进行实验。检测方面方法包括:

GB/T 2423.17—2008《盐雾试验方法》

GB/T 2423.18—2000《电工电子产品基本规程试验 Ka》

GB/T 10125—1997《人造气氛腐蚀试验——盐雾试验》

GB/T 10587—2006《盐雾试验箱的技术条件》

GB 10593.2—1990《电工电子产品环境参数测量方法》

GB/T 1765—1979《测定耐湿热、耐盐雾、耐候性(人工加速)的漆膜制测试》

GB/T 1771—2007《色漆和清漆耐中性盐雾性能的测定》

GB/T 12967.3—2008《铝及铝合金阳极氧化膜检测方法第3部分:铜加速》

GB/T 5170.8—2008 以及等效的 IEC、MIL、DIN、ASTM 等相关标准

试验设备:材料形貌及成分分析:傅里叶红外光谱(FTIR)确定物质的分子结构,采用红外光谱仪(VERTEX-70)研究表面的化学成分变化,对其化学成分进行定性分析。采用电子透射显微镜观察粒子的形貌和自带的能谱仪分析元素种类,进一步确定其化学成分。表面形貌及微观结构分析:使用高分辨率场发射扫描电子显微镜观察复合涂层的微观形貌。采用原子力显微镜研究涂层的三维结构和表面粗糙度。表面润湿性测试:通过光学接触角测量仪在室温下测量涂层试样表面的水滴静态接触角和动态滚动角。耐蚀性测试:采用电化学工作站进行电化学阻抗谱考察耐蚀性能。

盐雾实验:盐雾实验是通过人工模拟盐雾环境条件来评估材料耐腐蚀性能。按照国际标准对涂层试样进行盐雾测试,设置测试条件。涂层试样的被试面与垂直方向的角度为15°~30°。加速老化循环测试,为了研究长期耐蚀性,设计加速老化循环实验,最后对不同加速老化循环次数后的样品进行 EIS 测试来考察涂层的耐蚀性。摩擦磨损实验:采用摩擦磨损试验机在 3.5% NaCl 溶液中对涂层试样进行摩擦磨损实验,在往复摩擦实验评价复合涂层的耐机械刮擦性能或在一定的压力下往复摩擦,考察机械稳定性。

习 题

1. 材料的分类有哪些?军用材料的类别主要有哪些?
2. 军用结构材料主要有哪些?举例说明其用途。
3. 军用功能材料主要有哪些?举例说明其用途。
4. 什么是超材料?简述超材料在军事应用方面的前景。

第6章

推进剂化学

火箭推进剂是火箭发动机的能源,是给推进系统提供能量和工质的物质。化学能是火箭推进最常用的能源。应用含能物质在导弹发动机中发生化学反应(燃烧)放出的能量作为能源,利用化学反应(燃烧)的产物作为工质的一种推进方式,称为化学推进。在化学推进中,参加化学反应(燃烧)的全部组分统称为化学推进剂。根据参加化学反应(燃烧)的这些组分在通常条件下所呈现的物理状态,可以把化学推进剂分成液体推进剂、固体推进剂和固液混合推进剂三大类。固体推进剂又分为均质固体推进剂和复合固体推进剂。到目前为止,实际使用的主要是液体推进剂和固体推进剂。化学推进剂是火箭发动机的动力源,其研究与发展对航空航天事业的发展及导弹武器装备的研制、生产和使用起着重要的促进作用。

6.1 推进剂的发展史及液体推进剂

6.1.1 化学推进剂的发展历程

1974年4月24日,我国成功地发射了第一颗人造地球卫星,从此打破了美苏空间技术的垄断,显示了我国火箭导弹技术的飞跃发展。尽管火箭导弹技术有了惊人的发展,人造地球卫星不断上天,然而很多人对火箭与导弹发射的能源却并不了解或了解甚少。实际上,人们在电视和电影,或者在新闻图片上看到发射火箭时,其尾部拖着一条巨大的"火龙",把火箭徐徐地推向天空,而那一条巨大的"火龙"就是发射火箭的能源化学推进剂燃烧的结果。由此看来,化学推进剂的作用就是火箭和导弹发射的动力之源,或者说,化学推进剂就是火箭或导弹的燃料,正像飞机飞行需要汽油做燃料,火车运动需要煤或柴油做燃料一样。那么,化学推进剂和汽油、煤以及柴油等普通燃料有什么不同呢?要回答这一问题,就要了解关于燃料的燃烧。燃料都是通过与氧在一定条件下发生剧烈的化学反应燃烧而产生热量,从而转变成动力的。化学推进剂与普通燃料的燃烧,不同的地方就在于它们进行反应取得氧的方式不同。普通燃料燃烧所需氧气是从空气中得到的,因此这些燃料在隔绝空气中就不能燃烧。而化学推进剂燃烧所需的氧,不是取自空气中的氧,而是推进剂本身所含的氧,所以它们的燃烧不一定需要空气,在隔绝空气的条件下,它们照样能燃烧并产生热能。因此,推进剂系统是这样的一种完备的势能源,即它包含着用于燃烧、并能把势能转变成动能所必需的组分——燃料和氧化剂。化学推进剂是利用物质在发动机中发生化学反应而放出能量作为能源,利用化学反应的产物作为工质的一种推进方式,而在化学推进中,参与化学反应的全部组分统称化学推进剂。

推进剂实际上由来已久,我国在宋高宗绍兴三十一年即 1161 年就有了火箭,使用了最古老的推进剂黑火药。不过这些"火箭"是把普通的火药装载在火箭杆上或箭筒内以增加其射程而已。19 世纪的后期,高度精确和远射程大炮之所以得到发展,主要是由于改进了推进剂的特性,这种特性一直保持到现在。第一次世界大战期间,火箭应用得不多,等到第二次世界大战时,它已获得重要地位,成为一种进攻性武器,同时也成为推动飞机的一种手段。在第二次世界大战期间对火箭的研究和发展,火箭推进剂也相应得到发展,各种化学推进剂相继而出,不仅有液体推进剂、混合推进剂、固体推进剂,还有复合固体推进剂等。

虽然推进剂目前主要还是军用,但各种用途的人造地球卫星的出现,已经在征服宇宙的斗争中,为更广泛地应用推进剂开辟了新的途径。不管导弹的大小和形状如何,也不管它使用的目的如何,都需要不同种类的化学推进剂。化学推进剂在工业中比之于军事上的应用还是微乎其微的,但在某些方面应用得也较多,如工业工具上的螺栓固定装置、油井穿孔枪和采石工业用的工具等,喷气助飞火箭已在民用飞机上得到了推广应用。

随着火箭导弹技术和宇航事业的发展,各种推进剂必然会得到相应的发展。20 世纪 60 年代出现了电火箭,它是一种新型火箭动力装置。它与普遍使用的液体火箭、固体火箭等化学火箭有所不同,它是靠电能工作,而后者靠化学能工作的。化学火箭发动机的推进剂把化学能转变成热能,经过喷管的气动热力加速,再转化为喷射气流的动能来产生推力。而电火箭发动机的推进剂则是通过电加热的方式或电磁场的作用获得动能来实现反作用推进的。电火箭是一种正在发展中的技术,类型繁多。按推进剂被加速的方式,大致可分为电热式、静电式和电磁式三种。静电式火箭发动机靠静电场加速带正电的推进粒子正离子而得到推力,因而也称离子火箭发动机。这是电火箭发动机中研究得最早、最多,也是最成熟的一种。

1986 年 10 月航天部兰州物理研究所研制的我国第一台离子火箭发动机试验样机,通过了部级鉴定,与会专家认为这台离子火箭发动机已达到国际同类装置的先进水平。离子火箭发动机本体由离化器、加速器、中和器三个部件组成。离化器使推进剂原子电离,变成离子。正离子在加速器静电场作用下被加速引出,形成离子束。离子束与来自中和器的大量电子混合,形成高速中性喷流,反作用于发动机而产生推力。从加速器喷出的带正电的离子,如不变成电中性的粒子,就会在周围形成一个电场,阻止离子继续从加速器喷出,破坏发动机正常工作,所以必须配置中和器。

按照离化推进剂方式的不同,离子火箭发动机又可分为电子轰击式、接触式、场发射式等类型。它可用汞、铯、氩和生物废气等作为推进剂。美国1972年2月把空间电火箭试验2号卫星送入极地轨道,两台直径15cm,功率1kW的轰击式汞离子火箭发动机在空间分别工作了3800h和2000h,在地面试验工作寿命已达上万小时。我国研制成功的LF 8型离子火箭发动机就是汞为推进剂的。1982年1月13日,我国采用电磁场加速推进剂原理研制的两台脉冲式等离子体发动机,首次飞行试验成功,我国成为继美、苏、日之后世界上第四个进行电火箭空间飞行试验的国家。

电火箭发动机的主要特点是每秒产生的推力比化学火箭高几倍到几十倍,可达10^4s量级,但由于体积小,总推力小,这就决定了它不能从地面发射有效载荷,只能用做空间微动力装置,因此,它多用于航天器的姿态控制、位置保持和轨道转移等。因此,近30年来尽管出现了核推进、电推进等先进的推进概念和装置,但是,化学推进仍然是迄今唯一使用的推进方式。目前,使用的化学推进剂种类较多,根据物理性质把化学推进剂分为液体推进剂、固体推进剂、固液混合推进剂和液固推进剂,但实际使用的化学推进剂主要还是液体推进剂和固体推进剂两种。

6.1.2 液体推进剂

液体推进剂是以液体状态进入火箭发动机,经历化学反应和热力学变化,为推进系统提供能量和工质的物质。它可以是单质、化合物,也可以是混合物。它在液体火箭发动机燃烧室内进行氧化反应或分解反应,把化学能转变为热能,产生高温高压气体,通过发动机喷管膨胀,再把热能转变为动能,推动火箭飞行或进行航天器姿态控制、速度修正、变轨飞行等。

1. 分类

液体推进剂既是液体火箭发动机的能源,又是工质源,因此它是影响发动机性能和结构的重要因素之一。液体推进剂的分类方法较多,例如按用途分类可分为主推进剂、启动推进剂和辅助推进剂;按推进剂组元分类可分为单组元、双组元和多组元推进剂;按组元直接接触时的化学反应能力分类可分为自燃推进剂和非自燃推进剂;按推进剂组元保持液态的温度范围分类可分为高沸点推进剂和低沸点推进剂;按长期条件下推进剂物理、化学稳定性分类可分为长期贮存推进剂、短期贮存推进剂或分为地面可贮存、空间可贮存和不可贮存推进剂等。目前,比较普遍采用的分类方法有:

1)按液体推进剂进入发动机的组元分类

可分为单组元、双组元和三组元液体推进剂。

(1)单组元液体推进剂。它是通过自身分解或燃烧进行能量转换并产生工质的均相推进剂。单组元液体推进剂一般分为三类:其一是在分子中同时含有可燃性元素和燃烧所需要的氧化物,如硝基甲烷、硝酸甲酯等;其二是在常温下互不产生化学反应的稳定混合物,如过氧化氢—甲醇等;其三是在分解时能放出大量热量和气态产物的吸热化合物或混合物,如肼、肼-70、过氧化氢、单推-3等。

单组元液体推进剂能量偏低,一般只用在燃气发生器或航天器的小推力姿态控制发动机上(姿态控制、速度修正、变轨飞行)。其推进系统结构简单、使用方便。

(2)双组元液体推进剂。它是由分别储存的液体氧化剂和液体燃料两种组元组合工作的推进剂。通常液体氧化剂选用氧化性强的物质,如液氧、液氟、红烟硝酸、四氧化二氮等。液体燃料选用含氢量大、燃烧热值高的物质。如液氢、肼类、碳氢化合物为燃料。氧化剂和燃料分别贮存于各自的贮箱,并有各自的输送管路。

根据氧化剂和燃料在直接接触时的化学反应能力,可将双组元推进剂区分为非自燃推进剂和自燃推进剂。自燃推进剂的两个组元,在其使用温度和压力范围内,以液态相接触时,就发生放热的化学反应,即进行着火和燃烧。氧化剂和燃料从相互接触到开始出现火焰的时间间隔,称为着火延迟期。自燃推进剂使用中要求着火延迟期短,以防止推进剂在燃烧室中积累过多而引起爆炸。红烟硝酸与偏二甲肼、四氧化二氮与偏二甲肼、四氧化二氮与甲基肼等组合属于自燃推进剂。

非自燃推进剂,必需依靠专门的点火,才能进行放热的化学反应,即燃烧。从启动点火装置到液体推进剂开始出现火焰的时间间隔,称为点火延迟期。点火延迟期越短越好。常用的点火方式有电点火、火药点火和点火剂点火。液氧与液氢、液氧与煤油、红烟硝酸与烃类燃料组合的推进剂都属于非自燃推进剂。可通过在燃料中加入自燃添加剂的方法,使非自燃推进剂变为自燃推进剂。

(3)三组元液体推进剂。它是由分别储存的液体氧化剂和液体燃料和第三个组元组合的推进剂。它可以分为以下两类:一类是液氧作为氧化剂、液氢和烃类燃料为燃料组合的推进剂。液氧在低空和高空时分别与烃类燃料和液氢组合,利用发动机在低空和高空面积比不同造成双膨胀,使发动机在全工作过程获得高性能,即起飞时高推力、低面积比,高空飞行时低推力、高面积比;液氧也可以与烃类燃料和少量液氢同时燃烧,利用液氢改善液氧与烃类燃料的燃烧性能。另一类是液氧为氧化剂,液氢为燃料,第三组元是轻金属或其氢化物粉末组合的推进剂,其优点是把轻金属同液氧燃烧产生的高温与能够降低燃烧产物平均分子量的氢结合起来而提高比冲。

2)按推进剂或组元保持液态的温度范围区分

可分为高沸点和低沸点推进剂。高沸点推进剂组元的沸点高于298K(25℃),在地面使用条件下是液态,无蒸发损失。在密封贮箱的条件下,可贮存较长时间。在标准压力下,低沸点推进剂组元的沸点低于298K。在低沸点组元中,还可区分出低温推进剂组元,其沸点低于120K(−153℃),必须采用特殊的方法贮存,以减少蒸发损失。

3)按液体推进剂的贮存性能分类

根据贮存性能分类有地面可贮存液体推进剂、空间可贮存液体推进剂和不可贮存液体推进剂(如低温推进剂、化学不稳定推进剂)。

(1)地面可贮存液体推进剂:即在地面环境下能在火箭贮箱内长期贮存,不需要外加能源对推进剂加温熔化或冷却液化。一般规定以下几项要求:

临界温度应不低于地面环境的最高温度,常规定不低于323K(也有的规定不低于343K);

在323K时,蒸气压不应大于2MPa(也有的规定343K时,不应大于3MPa);

在贮存期内,液体推进剂本身不应分解变质、产生沉淀或放出气体,常规定在323K时,年分解速率不大于1%;

对与液体推进剂相接触的部件不产生腐蚀,常规定年腐蚀速率不大于0.05mm。

(2)空间可贮存液体推进剂。空间可贮存液体推进剂是指那些在地面环境下不可贮存的或难以贮存的,但在空间环境下可以贮存的液体推进剂。对这类推进剂的沸点要求应低于空间的环境温度,但要高于200K。

(3)不可贮存液体推进剂。不可贮存液体推进剂,如低温推进剂在环境温度下是气态,其沸点低于200K,临界温度低于223K,只有在低温下才能保持液态。它的优点是能量高,但是使用不方便,必须保持低温环境。如液氧、液氢等。

2. 液体推进剂性能的要求

通常液体推进剂性能应当满足下列几点基本要求:

1) 高的能量特性

即要求推进剂有高的比冲和密度。这两个量的数值越高,在其他条件相同时,火箭的尺寸和质量越小。

2) 安全的使用性能

即要求燃料在空气中不会自燃,有好的热安定性,以免在贮运过程中发生火灾或爆炸。

对大型运载火箭的下面级用的液体推进剂,要求低毒性,最好无毒,以免对试验站和发射场周围地区造成严重污染。

3) 点火燃烧性能好

要求自燃推进剂的着火延迟期和非自燃推进剂的点火延迟期小于30ms,以减少发动机起动时推力室中的推进剂组元的积存量,从而防止了起动时压力过高或爆炸。另外希望推进剂组元的蒸汽压力大一些,黏度低一些,以易于在推力室中雾化和混合,从而有较高的燃烧效率。

4) 经济性好

即要求生产推进剂组元的原料资源丰富,生产成本低。另外,还希望双组元推进剂中的一个组元有较好的传热性能,即导热率高、比热高和分解温度低,以利于对推力室壁进行外冷却。

3. 液体推进剂的成分

液体推进剂的燃料组元有氢、肼及其衍生物、胺类、烃类、醇类及混肼、混胺、胺肼、油肼系列。

6.1.3 氧化剂

作为液体推进剂的氧化剂组元有液氧、硝基类、过氧化氢、氟类及硝酸与四氧化二氮的混合系列、四氧化二氮与一氧化氮混合系列等。

液体氧化剂中的氧化元素可以是氧、氯或氟。氟和氧都是强氧化元素,所以液氧和液氟都是强氧化剂。其他的氧化剂有硝酸(HNO_3)、过氧化氢(H_2O_2)和四氧化二氮(N_2O_4)等,这些都是含有氧化元素的化合物。

1. 液氧

液氧含有100%的氧元素,氧化力强。液氧与许多燃料组合的推进剂,都有较高的比冲。常与液氧组合使用的燃料是液氢,其次是煤油、甲烷、乙醇等。一般大型运载火箭大都使用液氧作为氧化剂。其生产成本低、无毒、无腐蚀性,密度也较高、但它的沸点低($-183°C$),不宜长期贮存、为减少蒸发损失,贮存容器要很好地隔热。

2. 液氟

液氟与很多燃料组合的推进剂有很高的比冲,密度也比液氧高,其沸点比液氧低,为 $-188℃$,有腐蚀性,毒性很大,贮存与运输都不安全,生产成本也高,目前尚未实际使用。

3. 红烟硝酸

硝酸(HNO_3)是较强的氧化剂,在火箭发动中使用的是红色发烟硝酸,其中溶有 7%~52% 的 N_2O_4。HNO_3 有强腐蚀性,只有不锈钢和黄金可耐 HNO_3 的腐蚀,加入少量的氟化氢可降低其腐蚀性。HNO_3 与胺类或肼类等燃料组成的推进剂可以自燃,有较大的综合密度。HNO_3 的密度也较高,冰点较低,沸点较高,是优良的可贮存氧化剂。

我国使用的红烟硝酸四氧化二氮浓度主要为 20% 与 27%,有硝酸 20S,硝酸 20L 及硝酸 27S。其中 S 表示加入磷酸与氢氟酸混合缓蚀剂,L 表示只加入磷酸缓蚀剂。

4. 过氧化氢

过氧化氢(H_2O_2)溶液俗称"双氧水",一般指含 3% 浓度的水溶液,为民用的氧化剂,如用于医疗中的消毒以及丝或毛织品的漂白等。

火箭发动机中使用的 H_2O_2,浓度为 70%~90%,无毒性,性能较稳定。H_2O_2 与普通金属接触会分解,与纯铝、纯锡、聚四氟乙烯等材料接触时不会分解。H_2O_2 与铂、二氧化锰、高锰酸钾等催化剂接触时,引起剧烈分解,放出大量氧气和过热水蒸气。一般可将 H_2O_2 作为单组元推进剂使用,不过其比冲很低,只有 1500m/s,常用它的分解产物作为驱动涡轮泵中的涡轮的工质。H_2O_2 也可以与煤油组合成推进剂使用,1958 年 9 月北京航空航天大学发射的探空火箭中的液体火箭发动机就采用了这种推进剂。

5. 四氧化二氮

四氧化二氮(N_2O_4)是一种较强的氧化剂,密度也很高,是可贮存的氧化剂,其液体温度范围较窄(沸点为 21.15℃、冰点为 -11.23℃),既容易蒸发,也容易冻结。纯 N_2O_4 有中等程度的腐蚀性,又很容易从空气中吸收水蒸气,要用密闭容器贮存。N_2O_4 可与胺类或肼类燃料组合为自燃推进剂。

6.1.4　液体燃料

1. 煤油

有一种特别适合作为液体火箭发动机燃料的特殊精炼的石油产品,美国的牌号为 BP-1,基本上是煤油类的饱和与不饱和碳氢化台物的混合物。它与液氧组合的推进剂,能量高,化学安定性好,毒性很小,容易贮运。美国已将这种推进剂用在阿特拉斯、雷神、丘辟特、大力神 1 和土星等运载火箭的发动机中,苏联也已将它用在能源号和东方号等运载火箭的发动机中。煤油的缺点是密度较小 ($0.80 \times 10^3 \text{kg/m}^3$)。

2. 液氢

在目前投入实际使用的大量推进剂中,以液氢和液氧组合的推进剂的能量最高,而且其燃烧温度比液氧与煤油组合的推进剂的燃烧温度低 800℃ 多。

液氢的缺点是密度低(69.5kg/m^3),沸点很低(-252.8℃),不宜长期贮存,为减少蒸发损失,贮存容器要很好的隔热。氢气与空气混合时,会发生爆炸,为防止这种危险,经常将泄漏出的氢气点火烧掉。在贮运和使用液氢的环境中,要防止静电,以免发生火灾或爆炸。

液氢有冷脆破坏效应,黑色金属、锡、镁、锌等在其中变脆,失去延展性。与液氢接触的很多金属材料在液氢的极低温度下,强度剧烈下降。只有不锈钢和铝合金强度下降很少。

液氧与液氢组合的推进剂目前已被广泛用在大型运载火箭的上面级的发动机中,美国土星 5 及土星 1B 运载火箭的第二级发动机和航天飞机主发动机,苏联能源号运载火箭的第二级发动机,我国长征 3 号运载火箭的第三级发动机用的都是这种推进剂。

3. 肼

肼(N_2H_4)、甲基肼(CH_3NHNH_2)和偏二甲肼[$(CH_3)_2NNH_2$]具有类似的物理和化学性质。肼的冰点高(274.3K),易溶于水、乙醇中,有毒性。

肼与硝酸或四氧化二氮、过氧化氢接触能自燃,能组合成自燃推进剂。肼也可以作为单组元推进剂,在适当的固体或液体催化剂作用下分解出的产物可作为姿态控制发动机中的工质或作为驱动涡轮的工质。与肼相容的金属材料有不锈钢、铁、青铜和黄铜等。

无水肼主要用于卫星、飞船、航天飞机、深空探测器等航天器的在轨姿控动力系统,火箭的上面级动力系统,导弹的末修动力系统和分导级动力系统,也可以作为辅助动力系统、燃气发生器的工质。肼-70 是约 70% 肼与 30% 水的混合物。肼-70 主要作为辅助动力系统、应急动力系统和燃气发生器的工质。肼是具有类似氨臭味的无色透明液体,有很强的吸湿性,其蒸汽在空气中与水蒸气结合而冒白烟,所以当打开肼容器盖时,往往可以看到白色烟雾。肼还能与大气中的二氧化碳作用生成碳酸盐。

肼结冰时体积收缩,因此肼结冰时不会造成容器损坏和管道破裂。肼是极性物质,易溶于极性溶剂,如水、低级醇、氨、脂肪胺等,微溶于极性小的物质如烃类、多元醇、卤代烃和其他有机溶剂,不溶于非极性溶剂。

肼和肼-70都是强还原剂,能与许多氧化性物质如次氯酸钙、次氯酸钠和过氧化氢等物质及其水溶液发生剧烈反应。因此常利用这些物质的水溶液作为洗消剂,处理少量肼废液或含肼污水。

4. 偏二甲肼

偏二甲肼的英文缩写为UDMH,也有毒性。与肼相比其冰点低(215.9K)、沸点高(336.5K)、与氧化剂燃烧时,比冲只比纯肼稍低。UDMH经常与纯肼混合使用,一般各取50%,称为混肼-50。混肼-50与四氧化二氮组合的推进剂曾用在美国的大力神2运载火箭的发动机中,并用在月球着陆和反推力的发动机中。

偏二甲肼是一种易燃、有毒、具有类似鱼腥臭味的无色或淡黄色透明液体。它易挥发,吸湿性较强,在大气中能与水蒸气结合而冒白烟。偏二甲肼是极性物质,能与水、肼类、胺类、醇类及大多数石油产品等极性液体互溶。

偏二甲肼能与许多氧化性物质的水溶液发生剧烈反应。因此常利用次氯酸钙、次氯酸钠和过氧化氢等水溶液来处理偏二甲肼废液。偏二甲肼对冲击、振动、压缩、摩擦和枪击等均不敏感,用雷管也不能将其引爆。

5. 甲基肼

甲基肼的英文缩写为MMH,它与(N_2O_4)组合的推进剂,特别适用于姿态控制发动机中。与肼相比,有较好的传热特性,较宽的液体温度范围。在三种肼类燃料中,MMH的毒性最大,肼次之,UDMH毒性最小。MMH和UDMH都能溶于多种碳氢化合物中,但肼却不能。在肼中加入少量的MMH,对肼的爆炸分解有明显的抑制作用。MMH有较好的耐冲击性,受到相同强度的压力冲击时,肼在369K就发生爆炸,而MMH在419K时才分解。

6.2　固体推进剂

固体推进剂是一种具有特定性能的含能复合材料,是导弹、空间飞行器的各类固体发动机的动力源,是固体火箭发动机的动力源用材料,在导弹和航天技术发展中起着重要的作用,通常可分为双基推进剂、复合推进剂和改性双基推进剂。根据构成固体推进剂的各组分之间有无相的界面,固体推进剂也可分成均质推进剂和复合推进剂两大类。

6.2.1 固体推进剂的发展

最早的固体推进剂是我国古代四大发明之一的黑火药。黑火药的配方:它是用15%的木炭作为燃烧剂,75%硝酸钾作氧化剂。10%的硫磺既是燃烧剂又将粘结木炭和硝酸钾的作用。黑火药能量低,强度差,不能制成较大的药柱。

1888年瑞典科学家诺贝尔以硝化甘油增塑硝化纤维素制得了双基火药,主要用于枪炮武器。

1935年苏联的科学家用添加燃烧稳定剂和催化剂的方法降低了双基火药完全燃烧的临界压强,首先将双基推进剂用作火箭发动机的装药,这种火箭弹在第二次世界大战中发挥了威力。但是双基推进剂要用棉纤维(或木纤维)和动物脂肪作为原料。

1942年美国开始了复合固体推进剂的研究。最初的复合固体推进剂是用高氯酸铵为氧化剂,沥青作燃烧剂并起粘合氧化剂的黏合剂作用。虽然这种推进剂能量低,力学性能差,没有多少实用价值。但它为发展固体推进剂开辟了新的途径。因为这类推进剂装药用浇注方法制造,加大装药尺寸不受限制。

1947年美国制成了聚硫橡胶复合固体推进剂,成为第一代的现代复合固体推进剂,以后又发展了聚氨酯,接着又相继出现了改性双基推进剂,聚丁二烯－炳烯酸推进剂、聚丁二烯－丙烯酸－丙烯腈推进剂以及端羧基聚丁二烯推进剂。

20世纪60年代后期研制成了端羟基聚丁二烯推进剂。

80年代,NEPE推进剂(硝酸酯增塑的聚醚推进剂),比冲可达2675m/s。

6.2.2 火箭技术对固体推进剂的要求

1. 能量特性的要求

(1)比冲高:比冲是固体推进剂能量的量度。根据齐奥尔科夫斯基公式,火箭发动机中推进剂燃完时火箭速度达到最大值。火箭的最大速度与比冲成正比,对射程的影响大。

(2)密度大:虽然密度是固体推进剂的物理量,但对于体积一定的发动机,推进剂的密度越大,能装填的固体推进剂装药量越大,从齐奥尔科夫斯基公式可知,火箭最大速度也有提高,起着与提高能量等同的效果。

2. 燃烧性能

固体推进剂装药在发动机内的燃烧必须是有规律的,即燃烧稳定、重现性好。燃烧规律最好不受或少受环境条件(装药初温、燃烧室压强、平行于燃面的气流速度)的影响,以满足发动机内弹道性能不变,保证火箭射击精度的要求。

3. 力学性能

要求固体推进剂装药,特别是大型药柱应有足够的抗拉强度和延伸率,在使用温度范围内不软化、不发脆,不产生裂缝。贴壁浇注的装药不与发动机绝热层脱粘。

4. 物理、化学安定性

要求固体推进剂有长的使用寿命。

5. 安全性能

在贮存、运输、装配过程中不发生燃烧和爆炸事故。在受到机械冲击力时应有足够的稳定性。还应有高的自燃温度,以防意外着火事故。

6. 经济性能

火箭技术的发展,注意力主要放在新技术应用上,飞行器的高性能是设计的准则,较少考虑经济性能。现在和未来经济性能是重要条件之一。经济性能将成为一项重要指标。

7. 燃烧产物无烟或少烟

燃烧产生烟雾易被敌人发现发射基地;某些用激光或红外光等制导的导弹,烟雾会使光波衰减。

6.2.3 固体推进剂的分类

根据构成固体推近剂的各组分之间有无相的界面,固体推进剂可分成均质推进剂和复合推进剂两大类。

1. 均质固体推进剂

在固体推进剂中有可燃和氧化元素的称为均质固体推进剂。

1) 单基推进剂

由单一化合物(如硝化纤维素,即硝化棉,简称 NC)组成,分子结构中包含可燃剂和氧化剂,溶于挥发性溶剂中,经过膨润、塑化和压伸成型,除去溶剂即可。单基推进剂由于能量水平太低,现代固体发动机不再使用。

2) 双基推进剂

双基推进剂主要含有两种组分,如硝化纤维素和硝化甘油(NG)。两种主要成分的分子结构中都含有可燃剂和氧化剂。硝化纤维能在活性氧含量很高的硝化甘油中起胶凝作用,加入挥发性或不挥发溶剂及其他添加剂,经溶解塑化,成为均相物体,使用压拉成型(或称挤压成型)工艺即可制成不同形状药柱。如同复合固体推进剂一样,为了改善双基推进剂的各种性能,还要加入各种附加组分。如助溶剂、安定剂、增塑剂、弹道调节剂和工艺助剂等,故双基推进剂又称为胶质推进剂。

双基推进剂的优点是药柱质地均匀,结构均匀,再现性好;燃烧性能良好,燃烧速度压强指数(燃速压力指数)很小;工艺性能好:具有低特征号,排气少烟或无烟;常温下有较好的安定性、力学性能和抗老化性能;原料来源广泛,经济性好。缺点是能量水平和密度偏低,高、低温下力学性能变差。双基推进剂主要用于小型固体燃气发生器。

3) 改性双基推进剂

改性双基推进剂包括复合改性双基推进剂(CMDB)和交联改性双基推进剂(XLDB)两类。

在双基推进剂的基础上大幅降低基本组分硝化纤维素和硝化甘油的比例,加入高能量固体组分,包括氧化剂高氯酸铵(AP)、高能炸药黑索金(RDX)以奥克托金(HM)等和可燃剂(铝粉等)。硝化纤维素(含氮量12%左右)被硝化甘油塑化作为黏接剂,或是硝化纤维素和硝化甘油双基母体作黏接剂。硝化甘油还作为增塑剂,再加入一些添加剂,混合后使用压伸成型或浇铸成型工艺制造药柱,这就是复合改性双基推进剂(CMDB)。

在 CMDB 配方基础上加入高分子化合物作为交联剂,它内含的活性基团与硝化纤维素上残留(未酯化)的羟基发生化学反应生成预聚物,预聚物的大分子主链间生成化学键,交联成网状结构,预聚物作为黏接剂可以大幅改善推进剂的力学性能,这类推进剂就称为交联改性双基推进剂。主要交联剂有异氰酸酯(如六亚甲基二异氰酸酯 HDI、甲苯二异氰酸酯 TDI)、聚酯(如聚乙交酯 PGA)、聚氨酯(如聚乙二醇 PEG)、端羟基聚丁二烯和丙烯酸酯等。改性双基推进剂的能量水平高于复合推进剂,广泛用于各种战略、战术导弹。

端羟基聚醚预聚物(HTPE)推进剂是美国首先研制以改善端羟基聚丁二烯(HTPB)复合推进剂钝感特性为目的的战术导弹用固体推进剂,其力学性能和弹道性能与 HTPB 非常相似。在采用不同装药结构的各种缩比和全尺寸模型发动机的钝感弹药实验中,HTPE 推进剂都有良好的钝感特性。该推进剂表现出对极端激励(加热、冲击波、机械撞击)不敏感的性能。实验证明 HTPE 推进剂具有钝感弹药的特征,实现了该发动机的钝感化目标,这种 HTPE 推进剂已开始推广应用于 HTPE/AP/Al 配方中,可望会有良好的钝感性。

美国的"三叉戟"C4 潜射战略导弹的所有三级发动机都使用了 XLDB 推进剂,称为 XIDB-70,它的配方中固体填料达到70%(其中43% HMX、8% AP、19% Al),

理论比冲 2646N·s·kg^{-1}。俄罗斯的 SS-25 所有三级发动机均采用四组元丁羟推进剂(黏接剂+铝粉+高氯酸铵+奥克托金),理论比冲 2628N·s·kg^{-1};SS-27 可能使用了更高能量(理论比冲 >2653N·s·kg^{-1})的推进剂。

硝酸酯增塑聚醚(NEPE)推进剂是当今世界上已获应用的比冲最高且集复合与双基推进剂优点于一体的推进剂,标准理论比冲达 2646N·s·kg^{-1},密度达 1.86g·cm^{-3}。它的系列产品已开始在战略、战术导弹上获得应用。它用聚醚类(环氧乙烷-四氢呋喃共聚醚或聚乙二醇)黏结剂系统代替前述改性双基推进剂的硝化纤维素黏接剂,用液态混合硝酸酯硝化甘油、硝化 1,2,4-丁三醇三硝酸酯(BTTN)等)取代单一的硝化甘油作为含能增塑剂,硝酸酯对聚醚类黏结剂增塑,黏结剂中的羟基基团与交联剂内含的活性基团发生交联反应生成具有三维网状结构的预聚物,这使得推进剂混合物更具弹性和流变性,可以加入更多的高能固体填料。这样 NEPE 推进剂不仅能量水平高、密度大而且力学性能好,代表着现役固体推进剂的最高水准。

NEPE 推进剂是高能推进剂研究的重大突破,其主要技术创新是在比较成熟的原材料基础上打破常规思路,将炸药组分引进固体推进剂中,充分利用大剂量含能增塑的醚黏合剂体系优异的力学性能特点,创造出一条打破炸药与火药界限、综合双基与复合推进剂优点的一条新思路。随后,通过增加新型含能增塑剂含量及改善黏结剂性能不断增大了 NEPE 推进剂的能量性能及力学性能。与能量和燃速相近的 HTPB 推进剂相比,NEPE 钝感推进剂在慢速烤燃反应方面性能要好,而且具有较低的撞击和冲击波感度。NEPE 推进剂在较宽温度范围内有极好的力学性能及与衬层间良好的适应低温储存的黏结能力。

美国在 20 世纪 80 年代初研发成功 NEPE 推进剂,并应用到"和平卫士"的第三级发动机、"侏儒"小型洲际导弹的所有三级发动机和"三叉戟"D5 潜射战略导弹的所有三级发动机,其中用于"三叉戟"D5 的配方称为 NEPE-75,表示固体填料(包括 HMX/AP/Al)达到推进剂总重的 75%,法国的 M51 也使用了 NEPE。

2. 复合固体推进剂

复合固体推进剂又称异质火药,它是以塑性高聚物或橡胶类高聚物黏结剂作为弹性母体,同时混入无机氧化剂、金属燃料以及其他一些组分组成一定形状、一定性能的药柱。复合固体推进剂按其固化的方式不同,又分为物理固化和化学固化两类。物理固化就是以塑溶胶、塑料为基的推进剂,在升温时高聚物为黏流态,进行混合加工,待浇铸成型后,降至室温(即为玻璃态)。这类推进剂有聚氟乙烯推进剂和改性双基推进剂等。化学固化就是以液态高分子预聚物为黏结剂,加以固化剂和其他组分,待混合均匀后浇铸到模具或发动机中,预聚物和固化剂进行化学反应而形成网状结构。这类推进剂包括聚硫橡胶推进剂、聚氨酯推进剂、端羧基聚丁二烯推进剂和端羟基聚丁二烯推进剂等。

复合固体推进剂的主要组分是黏结剂、氧化剂和金属燃料等,这三种组分占推进剂总量的95%以上。它们对推进剂工艺性能有很大的影响,并将最终影响到推进剂成品的各种性能。复合固体推进剂只有以上三种组分时,并不能满足发动机对推进剂各种性能的要求。因此,一般典型的复合固体推进剂还要添加一些其他组分,以改进推进剂的各种性能。例如,改进力学性能的组分有固化剂、交联剂(它们实际上是化学固化类型推进剂不可缺少的组分)、链延长剂、键合剂和增塑剂等;改进弹道性能的组分有弹道改良剂,它包括增燃速剂、降燃速剂、降低压强指数和温度敏感系数的添加剂等;提高能量特性的组分有高能添加剂(往往用一些高能的硝胺类炸药取代部分氧化剂,或选用能量高的金属粉和金属氢化物);改善储存性能的组分有防老剂(抗氧化剂等);改善工艺性能组分有表面活性剂以及延长使用期的添加剂等。

复合推进剂使用单独的可燃剂和氧化剂材料,以液态高分子聚合物黏结剂作为燃料,添加结晶状的氧化剂固体填料和其他添加剂,融合凝固成多相物体。为提高能量和密度还可加入一些粉末状轻金属材料作为可燃剂,如铝粉,复合推进剂通常以黏结剂的化学名称命名。

氧化剂通常占推进剂总质量的60%~90%,许多无机化学品可作为氧化剂,加高氯酸盐类(如高氯酸钾、高氯酸胺和高氯酸锂等也称过氯酸盐)和硝酸盐类(硝酸胺、硝酸钾、硝酸钠)。现在使用最多的是含氧量较高的高氯酸胺(AP,又称过氯酸胺)。高分子聚合物既用做可燃剂又作为黏结剂,常用的有聚硫橡胶、聚氨酯(PU)、聚丁二烯-丙烯腈(PBAN)、端羧基聚丁二烯(CTPB)、端羟基聚丁二烯(HTPB)、端羟基聚醚(HTPE)和聚氯乙烯等。

其他添加剂一般包括调节燃烧速度的燃速调节剂、改善燃烧性能的燃烧稳定剂、比用基本黏结剂还能更好改善力学性能的增塑剂、降低机械感度的安定剂、改善储存性能的防老化剂以及改善工艺性能的稀释剂、润湿剂、固化剂和固化催化剂等。

除具有热塑性的聚乙烯类推进剂可使用压伸成型工艺外,一般都使用浇铸法制造,工艺简单,适宜于制造各种尺寸的药柱。复合推进剂综合性能良好,使用温度范围较宽,能量较高,力学性能较好,广泛用于各种类型的固体火箭发动机,尤其是大型火箭发动机。

1942年,美国研制出了沥青高氯酸钾复合推进剂,20世纪40年代末,出现了第一代复合推进剂聚硫橡胶推进剂,现在常用的有PBAN和HTPB推进剂。

"民兵"3 和航天飞机固体助推器米用 PBAN 推进剂,"和平卫土"MX 的一、二级用 HTPB 推进剂,法国的 M4 使用 CTPB 推进剂,我国的"巨浪"-1 也使用了 CTPB 复合推进剂。

3. 固体推进剂选择原则及发展趋向

1) 推进剂组分的选择原则

适用性,即应具有自己所起作用的优良性能。相容性,即不与其他组分发生不利的物理和化学作用。经济性,即制备方便,来源充足,价格便宜。安全性,即生产、使用安全可靠。

2) 发展趋向

(1) 提高能量水平。提高固体推进剂能量是永远不变的追求目标,技术路线主要有两条。

研发高能量密度材料(HEDM)。正在研究用做高能氧化剂的新一代高能量密度材料主要有六硝基六氮杂异伍兹烷(CL-20,又称 HNIW)、三硝基氮杂环丁烷(TNAZ)和二硝酰胺铵(AND)等。

使用含能黏接剂和增塑剂及其他添加剂。目前,正在研发的以聚叠氮缩水甘油醚(GAP)为代表的叠氮类黏结剂、增塑剂作为组分的推进剂可望成为继 NEPE 之后新的高能推进剂。

(2) 致力于研发低特征信号推进剂、低易损推进剂和环保型推进剂。

(3) 提高固体推进剂的可靠性和安全性,发展钝感固体推进剂。

(4) 降低固体发动机的全寿期成本。

习 题

1. 推进剂的种类有哪些?各自有什么性能特征?
2. 常见的复合推进剂有哪些?举例说明其主要化学成分及性能特征。
3. 固体推进剂选择原则有哪些?

第7章 化学与新概念武器

7.1 颠覆性技术与新概念武器

7.1.1 颠覆性技术催生新武器

颠覆性技术(disruptive technology),1995年由哈佛大学教授克莱顿·克里斯坦森在其著作《创新者的窘境》中首次提出,"颠覆性技术"是指技术本身对传统技术和主流技术有重大突破,具有颠覆性影响;另一种可能是跨学科、跨领域的融合与创新,导致具有颠覆性影响。科学技术是推动人类文明和发展的第一生产力,而颠覆性技术无疑是科学技术发展的第一牵引力。颠覆性技术以其高度的前瞻性、创新性和对传统模式的大破大立,带来人类科技发展史上的一次次飞跃。从军事层面看,颠覆性技术关系到世界军事变革和军事技术发展的未来,对推动科技发展和维护国家安全具有重要影响。美国国防部将颠覆性军事技术定义为:"以快速方式打破军力平衡的技术或技术综合"。

科学技术是军事发展中最活跃、最具革命性的因素。人类历史上的历次军事革命,均发轫于科学技术的进步,植根于作战手段的创新,成熟于作战方式的转型。"颠覆性军事技术"开发出的武器的性价比高、功能简化,而且实用,对已有武器功能更新瓶颈有突破。

冷兵器时代,武器装备经历了木石兵器、铜兵器、铁兵器和钢制兵器几次大的更新,但终究没有超越以近战杀伤为主的战争模式。火药将化学能转化为机械能和热能,使枪械和火炮登上历史舞台,奠定了热兵器战争的物质基础,彻底颠覆了冷兵器战争形态和阵式作战样式。第二次工业革命催生了以坦克、飞机、航空母舰为代表的机械化装备,促使战争由平面走向立体,最终颠覆了热兵器战争形态和线式作战样式。

海湾战争拉开了信息化战争的序幕,堪称颠覆性技术集中展示的"秀场"。伊军虽拥有为数众多的飞机、坦克、大炮等主战装备,但当其指控、通信、预警等系统失效后就变成了"瞎子"和"聋子"。在信息技术群的强力推动下,战争主线已悄然从能量比拼向信息较量转移,"硅片战胜了钢铁",战争形态和作战样式再一次被颠覆。

战争形态的演变史,从本质上看就是对军事技术和作战手段的颠覆史。但颠覆性技术从发明到成熟再到改变作战规则乃至开辟新的战争形态,通常要经历数十年乃至几百年的发展演变。火药发明于9世纪初,12世纪出现管状射击火器,14世纪传入西方并应用于欧洲战场,然而火枪成为主战兵器却经历了漫长而曲折的历史进程。其中,技术成熟缓慢是主要原因。法国直到1566年才淘汰了十字弓,而英国则到1596年才正式将火枪作为步兵武器,直到17世纪,十字弓和长弓完全从战场上销声匿迹。

从这个意义上讲,颠覆性技术的发展必然是一个渐变累积与跃升变迁交替发展的过程。同样,当代颠覆性技术发展也要经历类似过程。例如,"人工智能"技术的发展在经历了多次"过山车"式的涨落后,终于迎来新的技术创新高潮,处于颠覆性爆发的前夜。"弯道超车"的新型武器可达成颠覆性效应,新旧武器在创新思维下的巧妙组合运用,同样可使对手出乎意料,产生颠覆性的作战效果。

从18世纪中后期至19世纪末,是两次技术革命相继发生时期。第一次技术革命围绕着蒸汽机的发明和应用而展开,其结果是引发了以机器作业的大工业代替以手工劳动为基础的工场手工业的工业革命。第二次技术革命是以电力技术和内燃机的发明为主要标志,发电机、电动机、输变电技术、电报、电话、无线电通信的相继发明与应用,使得机器大工业与电气化融为一体。两次技术革命的完成,涌现出大量的颠覆性技术,催生了许多新型武器装备,改变了战争的面貌。火药技术和引信技术的发展,制造出威力更大、火力更安全的新型弹药;电报、电话和无线电通信技术发展,改变了战争指挥、控制方式;内燃机技术的发展,出现了各种军用车辆和新型舰艇,军队机动能力呈现出质的飞跃。这些颠覆性技术物化为新型武器装备,都对战争形态和作战方式产生了巨大的颠覆性影响。

进入20世纪,第二次工业革命方兴未艾,以进化论、相对论、量子理论等为代表的科学突破引发的科技革命,开辟了全新的技术领域,为新一代颠覆性技术涌现奠定了坚实基础,导致大量新型武器装备登上战争舞台,各种新军事理论相继问世。特别是在两次世界大战的巨大需求刺激和推动下,各国高度重视科学技术在战争中的巨大作用,积极探索和孕育颠覆性技术,使得新型武器装备具备强大的打击能力和空前的机动能力,表明以机械化为中心的军事变革已进入巅峰时期。在第二次世界大战中,坦克、重型轰炸机、潜艇、航空母舰等进入大规模使用,军队的机动能力空前提高,火力空前增强,战争的规模和破坏力达到了新的高度。随着雷达、导弹、核武器等武器装备的出现,战场空间已由传统的陆域、海域向空域、天域和电域扩展,武器装备的杀伤威力摆脱了自然条件的束缚,对战争形态和军事理论产生根本性和划时代的颠覆性影响,宣告人类战争进入"导弹核武器时代"。

20 世纪中后叶以来,以信息技术、微电子技术等为先导的信息革命浪潮汹涌澎湃,对传统技术和传统产业产生根本性和颠覆性变革,极大地促进了新一代颠覆性技术的发展。随着信息技术、微电子技术、生物工程技术、新材料技术和新能源技术等一系列创新技术领域的开拓,军用卫星技术、洲际导弹技术、军用航天运载技术、C3I 系统和电子战技术、精确制导技术、隐身技术等军事高技术快速发展,精确打击武器、激光武器、隐身飞机、无人装备等信息化武器装备陆续走进战场,战场空间正由物理空间向虚拟空间拓展,战争形态已由机械化战争向信息化战争转变。新一代信息技术如纳电子和光电子器件技术、高性能计算和新概念计算技术、机器智能技术、云计算技术、物联网技术、量子信息技术等的重大突破,将对现有技术体系产生颠覆性和换代性影响。"天基武器""网络武器"等新型武器装备正从原理和概念逐渐走向成熟。当前,人类社会正由"信息社会"向"知识社会"迈进,新一代颠覆性技术必将推进武器装备向无人化、网络化、智慧型方向发展,引发作战方式和战争形态发生根本性变革。

7.1.2　新概念武器

新概念武器是继高技术兵器之后出现的新一代武器的统称。具有创新性高效、威慑和带动性等特点,能够在某些专业可形成颠覆性技术群、产生明显不对称军事优势,成为世界各国攻占军事制高点的重要研究领域。其中除了少数武器初具战斗能力之外,大部分武器尚处于研究和原理探索阶段。

1. 激光武器

激光武器是指利用激光束直接毁伤目标或使目标失效的定向能武器。

2. 纳米武器

纳米武器是指运用纳米技术研制的体积微小的武器。

3. 次声波武器

次声波是频率在 20Hz 以下的波,人类的耳朵无法听到。次声波武器就是利用次声波对人类造成极大伤害的武器。

4. 计算机病毒武器

计算机病毒武器是指用于攻击对方计算机系统及其网络,破坏其正常运行的有害程序。

5. 人工智能武器

人工智能武器是指运用人工智能技术研制出来的武器。

6. 跨介质飞行器

跨介质飞行器技术可实现空中、水面、水下反复转换机动。是无人飞行器技术和无人潜航器技术的融合,所催生的新概念武器可在水和空气两种差异显著的流体介质中灵活机动,俗称"会飞的潜艇"或"能潜水的飞机"。未来跨介质飞行器可与潜艇、舰船、反潜机等配合使用。如跨介质无人飞行器伴随潜艇远海作战,能为潜艇提供多次、快速的空中支持,充当其延伸的"耳目"和"拳头",减小其侦察、通信设备受地球曲率和海洋环境的影响,大大改善其态势感知能力、隐蔽生存能力、水下通信能力,有效拓展其侦察、反舰、防空、对陆攻击等作战行动的范围,整体提升潜艇的体系作战能力。随着跨介质自主传感与控制、多流体环境高能量密度燃料、跨介质通信等技术的突破,跨介质飞行器的自主作战能力将会越来越强。未来高度自主的跨介质飞行器,可用作突破敌方防线的利器,还可作为侦察和战斗武器进行巡逻警戒、搜索反潜、近海探雷等。尤其是成群运用后,将具备强大的分布式杀伤和饱和攻击能力,让对手防不胜防,成为现代海上作战体系中新的战斗力增量。

7. 超空泡武器

(1)空泡:当物体和液体相对高速运动时,物体表面附近的液体因为低压而发生相变,即物体表面的水压强降低,当水压降低到水的饱和蒸汽压强以下时,物体表面的水产生汽化现象,形成包含水汽的薄层,这就是空泡。空泡是一个内部含有气或者汽的低密度空泡腔,以液体的速度场和压力场变化为条件产生。

(2)超空泡:当空泡长度与运动物体长度相当或者将运动物体完全包裹,称为超空泡。

(3)空泡数:描述空泡大小的一个无量纲数。

(4)自然超空泡:由液体相变产生的包络物体大部分或者全部表面的内含蒸汽的超空泡,称为自然超空泡或者蒸汽超空泡。

(5)通气超空泡:当物体和液体的相对运动速度没有达到足够低压的条件,用人工手段注入气体,形成覆盖物体部分表面或者全部表面的主要含气体的超空泡,被称为通气超空泡或者人工超空泡。

8. 仿生/梯度结构新概念武器装备

仿生设计往往具有复杂的几何结构,例如说蜂窝结构、复杂点阵结构、纤维角度和方向多变结构、弧面(波浪)型结构、混合材料及梯度结构等,通过传统制造方法难以实现。增材制造技术能够实现设计中的各种"微结构",在实现仿生设计、梯度设计等方面具有独特的优势。

1) 开发仿生"传感羽毛"改善飞机性能

借助游隼羽毛特点,开发先进结构。游隼是世界上飞得最快的鸟,能以非常陡峭的角度进行高速俯冲捕食,其生理机能表现出的力学性能,可改善飞机的空气动力学,提升飞机的安全性和燃油效率。英国 BAE 系统公司于 2017 年利用增材制造技术开发出"传感羽毛",能够在飞机出现失速危险时提前预警,还可改变靠近飞机表面的气流,有效减少机翼遇到的阻力,提升飞机速度,未来有望用于战斗机等武器装备中。此项研究将为航空航天业带来真正意义的创新与效益。

2) 开发用于人体防护的仿海螺壳材料

这种结构适合用于制备抗冲击防护头盔或人体装甲。2017 年,麻省理工学院的研究人员采用 3D 打印技术成功制造出仿海螺壳的工程材料,并且进行了有效测试。海螺壳的内部结构非常独特,包含三个不同层次,导致微裂纹难以扩散,因此使其具有超强的耐用性和抗断裂性,它的韧性甚至能够达到珍珠层的 10 倍。采用 3D 打印技术仿制的海螺壳工程材料,防裂纹扩展性能是最强基材的 1.85 倍,是传统纤维复合材料的 1.7 倍,非常适合用于制备抗冲击防护头盔或人体装甲。研究人员表示,这种材料具有类似 Z 字形的矩阵,裂缝传播困难,采用传统方法很难仿制这种材料。

3) 利用增材制造实现可变形软体机器人

在光、热、溶剂、电场和磁场等刺激下,能够发生三维形状转变的软材料已经应用于各种领域,例如柔性电子器件、新型柔韧机器人和生物医学。

美国陆军基于含有铁磁微粒的弹性体复合材料,并对结构、磁畴和磁场的信息进行编程,实现机器人的复杂形状变化,从而完成爬行、翻滚、跳跃或抓取等"动作",满足美国陆军在机器人与自治系统研究的需求。

4) 实现多金属混合火箭发动机点火装置

传统的火箭发动机点火装置会采用钎焊工艺来制造,既耗时又昂贵。其制造过程动辄数月甚至更长时间,并且容易导致不同部件的质量水平不同。高昂的制造成本以及漫长的等待时间让航天发射对增材制造的关注越发迫切。采用 3D 打印制造带有复杂冷却流道的发动机点火装置,可同时满足对复杂设计、低成本和快速交付的要求。2017 年 9 月,NASA 成功测试了首台由铬镍铁合金和铜合金 3D 打印制成的火箭发动机点火器,突破了多金属增材制造部件的技术瓶颈。

9. 定向能技术的发展将催生出改变游戏规则的"光束交战"武器

定向能武器特有的以光束作战的迅速反应能力,将使其成为具有划时代意义的新一代主战武器。2021年7月20日,美国空军和国会分别发布《定向能未来 2060 年—美国国防部未来 40 年定向能技术发展》,提出了美国国防部定向能发展路线图。

10. 电磁炮武器

电磁炮:电磁轨道炮是利用电磁力产生动能推进弹丸的一种先进的动能杀伤武器。基于化学能进一步提高火炮发射初速的空间已经不大,要实现发射技术革命,必须利用新的能源形式。目前,美军正在大力发展基于电磁能的电磁轨道炮,能够突破传统火炮的炮弹速度极限,具有速度高、射程远等优势。电磁轨道炮已建成试验系统,技术可行性得到初步验证。

11. 高超声速飞行器

当前,世界各国发展的高超声速飞行器依旧处于概念研究或演示验证阶段,美军正在同步发展战术级和战略级高超声速导弹技术,目前主要依托空军和 DARPA 联合主管的"高超声速吸气式武器概念"(HAWC)及"战术助推滑翔"(TBG)项目等分别开展高超声速巡航导弹技术和高超声速助推滑翔导弹技术的飞行演示验证工作。美空军科学咨询委员会 2014 年评估认为,美军战术级高超声速导弹能够在 2025 年形成装备,一旦部署将成为改变战争格局的新的作战利器。俄罗斯"匕首"空射高超声速导弹系统已试验成功,12 月开始进入试用战备值班状态,"匕首"高超声速导弹装备在超声速作战飞机,发射后启动超燃冲压发动机,能将导弹加速到马赫数 10,导弹射程约 1900km。"锆石"高超声速巡航导弹 2017 年进行了 2 次舰载发射试验,基本完成第一阶段飞行试验。其采用超燃冲压发动机+固体火箭助推器推进,飞行高度 30~40km,最大飞行速度马赫数达到 8,弹头分离后助推滑翔再入大气层,具备的高速和高机动优势,使其具备强突防能力。

12. 气象武器

以操纵气象造成类似自然灾害为特征的武器,对人员和经济产生损害或损伤为目的,包括海幕武器、海啸武器、巨浪武器等。

7.2　化学合成与测试技术

基础研究催生颠覆性技术,真正要做到源头创新从根本上解决关键问题,必须科学研究,必须回归基础研究。化学在颠覆性技术发挥的作用主要表现在新材料的合成与应用上,运用化学原理、方法和技术,在分子及聚集态尺度上研究材料的组成、设计、制备、结构、表征、性能及应用,为发展变革性和战略性材料体系奠定科学基础,是信息、能源、医学、环境、制造和国防等科技领域中不可或缺的学科。

7.2.1 化学合成方法

材料化学合成方法按反应的环境可以分为气相化学合成法、液相化学合成法、固相化学合成法。

1. 气相化学合成法

气相化学合成法是利用气态或蒸汽态的物质在气相或气固界面上发生反应生成固态沉积物的过程。化学气相沉积过程分为三个重要阶段:反应气体向基体表面扩散、反应气体吸附于基体表面、在基体表面上发生化学反应形成固态沉积物及产生的气相副产物脱离基体表面。最常见的化学气相沉积反应有:热分解反应、化学合成反应和化学传输反应等。具有如下优点:

(1)可用于制备金属薄膜、非金属薄膜,或多组分合金的薄膜,以及陶瓷或化合物层。

(2)气相化学合成反应在常压或低真空进行,可用于形状复杂的表面或工件的深孔、细孔镀膜,镀覆均匀。

(3)镀层附着力好、纯度高、致密性好、残余应力小、结晶良好,对表面钝化、抗蚀及耐磨等表面增强膜具有好的兼容性。

(4)调节沉积的参数可有效地控制覆层的化学成分、形貌、晶体结构和晶粒度等。

(5)设备简单、操作维修方便。

气相化学合成法也有一定的不足:反应温度太高,一般要 850~1100℃下进行,许多基体材料都耐不到气相化学合成法的高温。改进后采用等离子或激光辅助技术可以降低沉积温度。

2. 液相化学合成法

液相化学合成法主要有水热法、沉淀法、溶胶 – 凝胶法等。

1)水热法

水热法,是指一种在密封的压力容器中,以水作为溶剂、粉体经溶解和再结晶的制备材料的方法。根据溶剂不同可分为水热和溶剂热合成化学方法。水热法按反应温度分类可分为低温水热法,即在100℃以下进行的水热反应;中温水热法,即在100~300℃下进行的水热反应;高温高压水热法,即在300℃以上,0.3GPa下进行的水热反应。据研究对象和目的的不同,水热法可分为水热晶体生长、水热合成、水热反应、水热处理、水热烧结等。

优点:相对于其他粉体制备方法,水热法制得的粉体具有晶粒发育完整,粒度小,且分布均匀,颗粒团聚较轻,可使用较为便宜的原料,易得到合适的化学计量物和晶形等优点。尤其是水热法制备陶瓷粉体毋需高温煅烧处理,避免了煅烧过程中造成的晶粒长大、缺陷形成和杂质引入,因此所制得的粉体具有较高的烧结活性。

不足:水热法一般只能制备氧化物粉体,关于晶核形成过程和晶体生长过程影响因素的控制等很多方面缺乏深入研究,还没有得到令人满意的结论。水热法需要高温高压步骤,使其对生产设备的依赖性比较强,这也影响和阻碍了水热法的发展。因此,水热法有向低温低压发展的趋势,即温度低于100℃,压力接近1个标准大气压的水热条件。

2)沉淀法

沉淀法是选择一种或多种合适的可溶性金属盐类,按所制备的材料组成计量配制成溶液,使各元素呈离子或分子态,再选择一种合适的沉淀剂或用蒸发、升华、水解等操作,使金属离子均匀沉淀或结晶出来,最后将沉淀或结晶的脱水或者加热分解而得到所需材料粉体。该工艺主要包括沉淀的生成和固液分离,其中沉淀的生成是该工艺的关键步骤。沉淀法又可分为直接沉淀法、共沉淀法和均相沉淀法。

3)溶胶-凝胶法

溶胶-凝胶法是利用金属醇盐的分解或聚合反应制备金属氧化物或金属氢氧化物的均匀溶胶,再浓缩成透明凝胶,凝胶经干燥和热处理后可得到所需氧化物陶瓷粉体。

3. 固相反应法

两种或两种以上的物质(质点)通过化学反应生成新的物质,其微观过程应该是:反应物分子或离子接触+反应生成新物质(键的断裂和形成),在溶液反应中,反应物分子或离子可以直接接触,在固相反应中,反应物一般以粉末形态混合,粉末的粒度大多在微米量级,反应物接触是很不充分的。实际上固体反应是反应物通过颗粒接触面在晶格中扩散进行的,扩散速率通常是固相反应速度和程度的决定因素。

固相反应是固体间发生化学反应生成新固体产物的过程。固相反应有着不同的分类方式,按反应机理不同,分为扩散控制过程、化学反应速度控制过程、晶核成核速率控制过程和升华控制过程等;按反应物状态不同,可分为纯固相反应、气固相反应(有气体参与的反应)、液固相反应(有液体参与的反应)及气液固相反应(有气体和液体参与的三相反应);按反应性质不同,分为氧化反应、还原反应、加成反应、置换反应和分解反应。具有如下特点:

(1)固体原料之间参加化学反应。

(2)因固体质点间作用力很大,扩散受到限制和反应浓度对反应物的影响很小,于是将固相反应分为相面反应和物质迁移两个过程。

(3)固相反应开始温度常远低于反应物的熔点或系统低共熔温度。这一温度与反应物内部出现明显扩散作用的温度相一致,称为泰曼温度或烧结开始温度。不同物质的泰曼温度与其熔点间存在一定的关系。当其中一种反应物存在多晶转变时,此转变温度往往是反应开始变得显著的温度,这一规律称为海德华定律。

7.2.2 常用化学检测仪器及技术

1. 紫外分光光谱(UV)

分析原理:吸收紫外光能量,引起分子中电子能级的跃迁。

谱图的表示方法:相对吸收光能量随吸收光波长的变化。

提供的信息:吸收峰的位置、强度和形状,提供分子中不同电子结构的信息。物质分子吸收一定的波长的紫外线时,分子中的价电子从低能级跃迁到高能级而产生的吸收光谱较紫外光谱。紫光吸收光谱主要用于测定共轭分子、组分及平衡常数。

2. 红外吸收光谱法(IR)

分析原理:吸收红外光能量,引起具有偶极矩变化的分子的振动、转动能级跃迁。

谱图的表示方法:相对透射光能量随透射光频率变化。

提供的信息:峰的位置、强度和形状,提供功能团或化学键的特征振动频率。红外光谱的特征吸收峰对应分子基团,因此可以根据红外光谱推断出分子结构式。

3. 核磁共振波谱法(NMR)

分析原理:在外磁场中,具有核磁矩的原子核,吸收射频能量,产生核自旋能级的跃迁。

谱图的表示方法：吸收光能量随化学位移的变化，当外加射频场的频率与原子核自旋进动的频率相同时，射频场的能量才能被有效地吸收，因此对于给定的原子核，在给定的外加磁场中，只能吸收特定频率射频场提供的能量，由此形成核磁共振信号。

提供的信息：峰的化学位移、强度、裂分数和偶合常数，提供核的数目、所处化学环境和几何构型的信息。

4. 电化学分析法

电化学分析法（electrochemical analysis），是建立在物质在溶液中的电化学性质基础上的一类仪器分析方法，是由德国化学家 C. 温克勒尔在19世纪首先引入分析领域的，仪器分析法始于1922年捷克化学家 J. 海洛夫斯基建立极谱法。通常将试液作为化学电池的一个组成部分，根据该电池的某种电参数（如电阻、电导、电位、电流、电量或电流－电压曲线等）与被测物质的浓度之间存在一定的关系而进行测定的方法。

包括：电导法、电化学分析法电位滴定法、电化学分析法电解分析法、电化学分析法伏安法等。

1）电导法

是用电导仪直接测量电解质溶液的电导率的方法。

2）电化学分析法电位滴定法

是在用标准溶液滴定待测离子过程中，用指示电极的电位变化指示滴定终点的到达，是把电位测定与滴定分析互相结合起来的一种测试方法。

3）电化学分析法电解分析法

是将直流电压施加于电解池的两个电极上，根据电极增加的质量计算被测物的含量。

4）电化学分析法伏安法

根据电解过程中的电流电压曲线（伏安曲线）来进行分析的方法。

5. 热分析技术

分析原理：热分析法是在程序控制温度下，准确记录物质理化性质随温度变化的关系，研究其受热过程所发生的晶型转化、熔融、蒸发、脱水等物理变化或热分解、氧化等化学变化以及伴随发生的温度、能量或重量改变的方法。常用的热分析方法有：热重法（TG/TGA）、差热分析法（DTA）、差示扫描量热法（DSC）。

提供的信息：热重法（TG/TGA）记录测量物质质量与温度变化关系的技术；差热曲线（DTA曲线）：记录两者温度差与温度或者时间之间的关系曲线。差热图上可得到差热峰的数目、高度、位置、对称性以及峰面积。峰的个数表示物质发生物理化学变化的次数,峰的大小和方向代表热效应的大小和正负,峰的位置表示物质发生变化的转化温度。差示扫描量热曲线(DSC 曲线)是在差示扫描量热测量中记录的以热流率 dH/dt 为纵坐标、以温度或时间为横坐标的关系曲线。

习 题

1. 什么是颠覆性技术,化学在颠覆性技术中哪些方面可以发挥什么作用?
2. 化学合成主要有哪些方法,举例说明。
3. 你知道的新概念武器还有哪些?
4. 化学常见的主要检测技术有哪些?

参考文献

[1] 贾瑛,杜金会,催虎,等. 大学化学[M]. 北京:国防工业出版社,2018.
[2] 周伟红,曲保中. 大学化学[M]. 北京:科学出版社,2018.
[3] 甘孟瑜,张云怀. 大学化学[M]. 北京:科学出版社,2017.
[4] 展树中,刘静,傅志勇. 大学化学[M]. 北京:高等教育出版社,2013.
[5] 彭银仙,袁爱华,王静. 无机与分析化学[M]. 哈尔滨:哈尔滨工业大学出版社,2021.
[6] 罗洪君. 普通化学[M]. 哈尔滨:哈尔滨工业大学出版社,2016.
[7] 郭三学. 非致命武器技术[M]. 西安:西北工业大学出版社,2015.
[8] 姜涛,王帅,赵丽娜. 无机化学[M]. 哈尔滨:哈尔滨工业大学出版社,2021.
[9] 久保田浪之介. 火炸药燃烧热化学[M]. 徐司雨,姚二岗,裴庆,等译. 北京:国防工业出版社,2019.
[10] 蔺向阳,郑文芳. 火药学[M]. 北京:化学工业出版社,2020.
[11] 常和. 兵器百科[M]. 北京:海燕出版社,2004.
[12] 杨志红,杨素亮,张生栋,等. 核化学与放射化学技术研究进展原子能科学技术[J]. 2020,54(9):151-166.
[13] 李宝毅,赵亚娟,王蓬,等. 电磁防护超材料在国防领域中的应用与前景展望[J]. 电子元件与材料,2019,38(05):1-5.
[14] 王强. 军机维护与腐蚀控制[D]. 南京:南京航空航天大学,2005.
[15] 王祥云,刘元方. 核化学与放射化学[M]. 北京:北京大学出版社,2012.
[16] 路自平. 核武器与核战略[M]. 北京:兵器工业出版社,2019.
[17] 马继东. 生化武器与秘密战争[M]. 北京:解放军文艺出版社,2002.
[18] 谭有金,唐谋生,汉才,等. 化学与军事[M]. 北京:解放军文艺出版社,2003.
[19] 王祥云,刘元方. 核化学与放射化学[M]. 北京:北京大学出版社,2012.
[20] 曹阳春,张静,张光宇,等. 颠覆性技术多元化投入机制构建思路的案例研究[J]. 中国科技论坛,2023(3):37-48.
[21] 闫海,王天依. 论颠覆性技术对规制的挑战及其应对[J]. 中国科技论坛,2023(1):58-68.
[22] 邓启文,刘书雷,吴集. 国防颠覆性技术评价指标体系研究[J]. 国防科技,2022,43(6):84-88.
[23] 白光祖,刘安蓉,曹晓阳,等. 工程科技领域潜在颠覆性技术发现方法研究与实证[J]. 情报杂志,2022,41(11):33-40.
[24] 李瞳,谷晓阳. 瘟疫中的科学与世相—评《人类大瘟疫:一个世纪以来的全球性流行病》[J]. 医疗社会史研究,2020,5(2):204-214.
[25] 陈家曾,俞如旺. 生物武器及其发展态势[J]. 生物学教学,2020,45(6):5-7.
[26] 刘长敏,宋明晶. 美国生物防御政策与国家安全[J]. 国际安全研究,2020,38(3):96-126,159-160.

[27] 马慧,张昕,任哲,等. 生物武器防护洗消及损伤救治研究进展[J]. 中国消毒学杂志,2020,37(4):307-310.

[28] 闵芳. 可怕的生物武器[J]. 生命与灾害,2019(4):4-5.

[29] 郭子俊. 生物交叉技术对新军事变革影响研究[D]. 长沙:国防科技大学,2017.

[30] 晓金. 生物武器全解析[J]. 生命与灾害,2017(9):8-9.

[31] 史春树. 化学武器:从一鸣惊人到身陷冷宫[J]. 军事文摘,2017(13):61-63.

[32] 辛雨. 禁止化学武器组织开设新技术中心[N]. 中国科学报,2023-05-19(001).

[33] 海春旭,吴昊,刘江正. 防化医学现状及未来展望[J]. 空军军医大学学报,2023,44(3):193-198.

[34] 张亚如,夏炎. 化学武器知多少——化学毒剂的基本介绍及其去污技术的发展[J]. 大学化学,2021,36(2):57-65.

[35] 甘春霖. 非致命化学武器研发与使用的伦理考量[D]. 北京:北京化工大学,2019.